U0159447

紫笋茶缘

陈明楼 著

上海交通大学出版社

内容提要

本书讲述作者 40 多年来,因结缘唐代贡茶紫笋茶由一名厂医成功转型成为一名高级茶叶审评师的故事。内容以紫笋茶为引,从初到长兴买茶,进而深入顾渚山寻访古茶山的历史遗迹、摩岩石刻等;访长兴档案馆,查阅古长兴县志,探究紫笋茶的兴衰之谜,以及记录紫笋茶的制作工艺和其有别于其他绿茶的独特之处,等等。向读者展现承载千年贡茶文化的紫笋茶不但味道好、名字好,更值得宣传和发扬光大。

本书作者对茶的钻研并没有止步于紫笋茶,书中还有关于他走访我国各名茶产地,学习交流名茶制作工艺的故事。最后还编录部分国内外友人对紫笋茶的评价。为人们了解中国的茶文化,探寻茶旅之路,打开了广阔的大门。

本书可作为大中专院校茶文化选修课的参考读物,也可作为茶业职业培训教材,也是一本可读性较强的大众休闲读物。

图书在版编目(CIP)数据

紫笋茶缘/陈明楼著. —上海:上海交通大学出版社,2021.7
ISBN 978-7-313-25091-9

Ⅰ.紫... Ⅱ.陈... Ⅲ.茶文化—长兴县 Ⅳ.TS971.21

中国版本图书馆 CIP 数据核字(2021)第 128795 号

紫笋茶缘
ZISUN CHAYUAN

著　者:陈明楼
出版发行:上海交通大学出版社　　　　地　　址:上海市番禺路 951 号
邮政编码:200030　　　　　　　　　　电　　话:021-64071208
印　制:上海锦佳印刷有限公司　　　　经　　销:全国新华书店
开　本:787mm×1092mm　1/32　　　印　张:12.625
字　数:246 千字
版　次:2021 年 7 月第 1 版　　　　　印　次:2021 年 7 月第 1 次印刷
书　号:ISBN 978-7-313-25091-9
定　价:82.00 元

序一 "紫笋"信仰 40 年

张加强①

40 年前,不到 30 岁的陈明楼,跟随工程师父亲的足迹,来到长兴林城。其父亲为一家电炉厂做技术指导,泡车间、看设备,儿子爱茶,走山间,就此,他认识了紫笋茶。茶山舒缓的叙述风格,点亮年轻人的慧光,消解了城市的拥挤不安。

陈明楼听过传说,释迦牟尼瞌睡上来,碍参禅,扯下眼皮扔地上,长出茶叶。但在长兴,他触摸到了真实的传说,紫笋茶,是唐代宫廷至高无上的植物饮品。

后来,从青年到白头,年年来长兴,进周吴山采野茶,上张岭看茶园,去顾渚山访古茶,40 年从未间断,用茶汤滋润了人性里的经脉,把魂抵押给了长兴。

茶,生于天地之间,便有道的韵致;长于释门之前,便有了佛的禅性;品于文人之间,便有了诗的雅兴,行于官场之中,便染了朱门

① 中国作家协会会员,著名茶人。

的贵气;转于商海之上,便添了世故的俗意;流于市井之间,便熏上了人间烟火味。此乃茶的魅力。

陈明楼在上海的弄堂建了自己的茶室,名曰"紫笋苑"。他没有将茶室做成排场,只想重温古人冷寂的茶情,构筑闹市深处一个世外小注脚。他按照《茶经》所说,一一寻访陆羽提到的茶山地名,绘制长兴茶山地图;在北京《名厨》上发表《王者之香话紫笋》。欲借茶炼成浮华时代的修士。

茶室看似让人优雅地无所事事,却让城市的人们关注四季交迭下的风物变化。2005 年 1 月的香港《号外》介绍了他的"紫笋苑";德国科隆新闻学院每年有学生来此听他讲茶学;生活在纽约的张文婷女士借这里将紫笋茶介绍给美国朋友,引来美国的流行歌手和美国《国家地理》杂志的摄影师来品紫笋茶;日本茶艺技师佐藤良子带着日本友人到访他的茶室,称陈明楼为"紫笋茶大师"。

茶园是身后秩序的一种精神自救,这里连繁花杂草亦备不流俗的临风气度。

茶室是最安静的角落,补了忙人分情的亏损,给快生活以一种慢的选择。

茶人是下一个时代的归处,追寻茶山冷香,不至我们的意识荒园里杂草丛生。

又到谷雨,长兴洪桥太湖会金恂华董事长来电说,可否与陈明楼这位紫笋茶"痴"一聚。在太湖会颇雅的茶室里,听了这位外来者的故事,答应为此书作序,正琢磨落笔的出处,直听到茶水入盅的声音,过喉下肚,在心里养一下,方酿有下文。

原以为,陈明楼爱茶过于凛冽,如童真般坚定坦率,以私人日历翻阅岁月,把紫笋茶放进心思感化世间以清爽。却发现,感化了自己。

序二　千里茶缘香自在

何春雷①

我与陈明楼先生，算是今生有缘。2009 年我校龚浩老师打电话问我，有一上海茶人想了解蒙山茶，问我有无时间陪同聊一聊。我想有朋自远方来，而且茶叶又是我此生从事的行业，无论多忙，都应该见见，于是爽快地答应了。第一次见到陈明楼先生，他那清瘦的身材、充满睿智的目光和文人优雅的形象，以及带有江浙口音的普通话，给我留下了深刻印象。特别

---

　　①　现任四川农业大学教授，研究生导师，中国茶叶学会会员，四川省茶艺术研究会秘书长，四川省藏茶产业工程技术研究中心副主任，中国藏茶联盟理事长，雅安市茶叶学会副理事长，国家 SC 认证高级审查员，国家职业技能高级考评员。

是对茶叶的挚爱，胜于许多学茶之人，让我深受感动！晚饭过后，喝茶聊天，未过三巡，陈先生就毫不讳言，说此次来蒙山茶区，就是想亲自求证一下"蒙顶茶"，为何被世人称为"天下第一茶"？接下来的三天时间里，我们从蒙山茶起源、历史演变，以及形成蒙山茶品质相关的天时地利、采摘标准、加工技术进行了深入细致的讨论，达成了一些共识。书中谈到"蒙山茶"是一个地域概念，并不是人们理解的蒙顶山上的几颗茶树，对此我十分赞同。书中还列举了已经失传多年的"万春银叶"和"玉叶长春"茶叶，十分难得。

后来，陈先生又到过雅安几次，每一次我们都有不同的话题。最近一次是在新冠肺炎疫情过后的金秋九月来到雅安，我们又深入探讨了雅安藏茶相关问题。正如陈先生书中所述，雅安藏茶是我国最早进行边销的茶叶，川藏"茶马古道"是最早的边贸之道，人工背茶跨越险峻的二郎山和大相岭，是川藏"茶马古道"的重要标志，这条充满血汗和民族之情的古道，不应被世人遗忘！由于长期的运输，形成了我们今天所见的紧压成型的砖茶，雅安藏茶是我国黑茶的发源地，已为学界认同。雅安藏茶与蒙顶贡茶交相辉映，成就了今天兴旺发达的雅安茶产业。书中谈到，由于宣传乏力，雅安藏茶犹如"闺中仙女"，如何走出蜀山峻岭，走进繁华的大上海，值得我们高度重视。与陈先生每次推心置腹的探讨，可谓人生之幸事！陈先生执着的探索精神和对历史客观认真的态度，令我感佩！

基于陈先生对茶叶之热爱和对茶文化历史之追逐，我鼓励他将此生对茶之感悟写下来，不想陈先生还真的付诸行动了，此书即将出版,与读者见面,为此表示热烈的祝贺!书中从一个资深茶人的角度,采用通俗纪实方式,对蒙山茶形成的历史、生态环境、主要茶叶品类及加工技术,以及雅安藏茶的历史演变等进行了系列描述,也体现了作者对茶文化一些独到见解,值得广大茶叶爱好者、蒙山茶的"粉丝"们一读!

序三　上海的紫笋苑

刘启贵①

　　唐代贡品——紫笋茶，是由茶圣陆羽在长兴考察茶叶期间，发现此茶优于他茶，可以推荐给皇帝。于是，从唐大历五年（公元770年）正式被列为贡茶。以后又延续进贡，历经唐、宋、元、明四个朝代，作为御用贡茶，成为中国贡茶之最。

　　陈明楼同志有缘较早地喝到了紫笋茶，并喜爱上了紫笋茶，为此，他连续40年，每当春茶上市时，他必到长兴，只是为了紫笋茶。他在往返上海与长兴的茶路上，获得了丰厚的回报。在顾渚山区，他遍访古茶山，探寻当年茶圣陆羽在《茶经》中写到的茶山地名，功夫不负有心人，陈明楼依据历史记载，对照现状地名，找到了不少陆羽到过的地方，及记载唐代紫笋茶贡茶活动的历史摩崖石刻。

---

　　①　刘启贵（1936—2020）原为上海市茶叶学会副理事长兼秘书长，后任学会顾问，上海市科学技术普及志愿者协会理事，中国茶叶流通协会顾问，中国国际茶文化研究会常务理事、副秘书长，国际茶业科学文化研究会（纽约）常务理事、副秘书长，中华茶人联谊会常务理事，吴觉农茶学思想研究会常务副会长，吴觉农纪念馆第一任馆长。

陈明楼虽然不是专业的茶叶人员,但是他40年来,锲而不舍追求了解紫笋茶的历史文化,熟悉紫笋茶的品种,这种执着精神令人敬佩。

在2012年,我们几位老茶人,在陈明楼组团赴长兴紫笋茶基地考察活动中,得知他对顾渚的古茶山和紫笋茶及当地茶界人士熟悉融洽。他在长兴长期投入精力,与当地茶农相知相交,虚心学茶、敬茶,精神可嘉。

作为茶叶学会会员,陈明楼同志也热心为学会的活动服务,多次为吴觉农纪念馆开会时提供会场布置用的鲜花,他的紫笋苑茶室接待很多国外友人来品茶,成为宣传中国茶文化的平台。

《紫笋茶缘》是介绍作者探寻中国贡茶——紫笋茶的实践记录,知识性和趣味性的结合,为想了解紫笋贡茶的茶友们,提供、介绍了探寻紫笋茶的茶旅之路。

很高兴看到后起茶人热爱茶,宣传中国茶文化的热情和精神,以茶会友以茶结缘,提倡国饮有益健康是我们茶人的追求。

祝贺《紫笋茶缘》的出版,祝所有的茶人健康愉快!

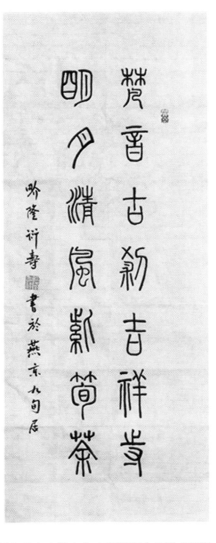

长兴县古寿圣寺方丈释界隆法师题书茶联：
梵音古刹吉祥寺，明月清风紫笋茶

顾渚春晓图　作者:胡佳鹤

目 录

叙坞芥

上　篇

紫笋茶和紫笋茶文化

作者 2009 年 4 月在长兴桃花岕茶厂体验炒茶

第一章　初识紫笋茶

长兴礼赞

情系顾渚茶为引，

四十余年铸乡情，

往昔县镇小街道，

如今现代城市新，

千年文化得发扬，

人杰地灵有"金钉"①，

紫笋紫砂金沙泉，

"三绝"奇宝聚长兴②。

长兴是南太湖岸边的一个县城，属浙江省湖州市，地处苏浙

---

①　"金钉子"是地质学上全球年代地层单位界线层剖面和点位的俗称。长兴灰岩保护区，是世界地质学的重要研究场所。"长兴灰岩"代表了世界晚二叠纪的最高层位，也是世界同类中发育最完整的，含有丰富的多门类化石。2001年8月10日长兴县煤山镇灰岩被国际科学地质联合会正式确定为全球对比标准点，并打下"金钉子"作为标志。

②　"三绝"指长兴特产茗三绝：紫笋茶、紫砂壶、金沙泉。

皖三省交界,位于浙江省的最北端,地理位置北纬 31 度,区域面积 1427.8 平方公里,人口约为 63.64 万。是全国综合经济实力百强县之一。长兴西倚天目山,属丘岭地貌,受太湖水系调节,山区气候温润,无霜期长,自然生态好,植被覆盖率高,又是出产茶叶的好地方。

我工作在上海,生活在上海,按理说与长兴无关,谁想到是一片神奇的树叶影响了我的大半生,为其所动,情结长兴 40 年,岁月荏苒,感慨在长兴的美好时光。回忆因紫笋茶而结缘的漫长历程,如同一杯透着兰香的紫笋茶,其味浓郁,其味隽永。

长兴是一方风水宝地,钟灵毓秀,物华丰茂,民风淳朴,大众勤劳(见图 1-1)。40 年来我亲眼看着小城镇翻天覆地的变化,如同看着一个小孩从慢慢起步、长大,令人鼓舞、兴奋,也倍感亲切。这么

图 1-1　民间书法家牟惟泰先生书

多年来,我在当地朋友们的帮助下,到了长兴的许多小镇乡村,游览过一些历史文化的人文景点,更多的是去山岭深处的茶山。只要有紫笋茶的地方,会多次去探访。日久生情,我爱上这里的山山水水,一草一木,爱上了紫笋茶,并把紫笋茶当作知己朋友,也把自己融入到长兴这片土地。

从 1979 年第一次走进长兴开始至今已有 40 年,怎么会从上海来到长兴? 这里有一段深情难忘的故事,从此锲而不舍结缘紫笋茶,奉茶为友,走上了后半生的茶之路。

第一节　走进长兴茶为引

一、茶乡来的徐厂长

光阴似箭,思绪回到 20 世纪 70 年代中期,动荡的政治运动已近尾声,全国的经济建设也逐步发展起来。各地的乡镇企业如雨后春笋般地发展,尤其是江浙一带小企业发展更早一点,城市与乡村的交流逐渐多了起来。

记得在 1976 年初,我家来了一位外乡客人,30 岁不到的年纪,个子不高却很精神。他话音响亮,谈笑风生,却能说一口上海话。他是浙江长兴县林城人民公社电炉厂的经营厂长,主管产品的生产和销售。我们一家人都称他为徐师傅，他就是我走进长兴的引路人——徐君祥。

1975年10月，国务院批准原农林部建立农村部，成立人民公社企业局，为的是进一步推进农村企业的发展。徐君祥所在的社办电炉厂在70年代初，因受"人民公社只能是发展农业"思想的影响，工厂要申请营业执照都是很困难的。如今，人民公社企业局的设立，让徐厂长和他哥哥徐峰两人看到了希望和契机，在原大队支部书记姚有贵的支持下，以"农"字挂帅，迈出了电炉厂艰难创业的步伐。

当时他们厂生产的电炉是仿苏的RX产品，是一种主要应用于各种金属材料、机械零件、模具等热处理加工的专业电炉，在浙江地区使用该设备的企业并不多。此时在政策鼓励的新形势下，想要进一步提升电炉厂的产值，销售是关键。负责销售的徐君祥厂长把销售目标定在了上海的各大院校实验室，以及金属材料研究机构和矿山机械生产企业。

同年机械工业部召开全国热处理工作会议，提出"搞好热处理，零件一顶几"的口号，给许多热处理设备生产企业注入了活力，其中也包括徐君祥厂长他们的这家社办工厂。徐厂长以先知先行的方式探寻销路，经朋友介绍，积极参加上海市科技交流站组织的热处理交流活动，最终成为上海热处理协会的会员。徐厂长也因此结识了时任上海科技交流站热处理交流队的负责人陈万里。

徐厂长后经陈万里及有关专家的介绍认识了我的父亲，并来到我家希望我父亲能在技术上予以指导和帮助。徐厂长深知他们厂的产品想要销售到上海的企业需要技术的支持，而我父亲就是他们厂迫切需要的技术专家的不二人选。因此他对我父亲诚恳地讲述了他们厂的困境和他努力的目标及信心。我父亲被徐厂长的创业奋斗精神所感动，愿意伸出援手，帮助他们的社办企业解决生产上的疑难问题。徐厂长也因此成了我家的常客。

二、我的父亲是一位工匠

徐厂长成为我家的常客，只因我父亲。我父亲是一名热处理技术工人，在当时的上海热处理行业中小有名气。我对热处理可谓是一窍不通，在我的眼里热处理就是玩火。网上百度的词条对热处理是这样解释的："热处理是将金属材料放在一定的介质内加热、保温、冷却，通过改变材料表面或内部的金相组织结构，来控制其性能的一种金属热加工工艺。"在我爸眼里热处理就是他的工作，就是"退火、正火、淬火、回火"这四把火，所有与制造业有关的金属材料加工都与这"四把火"有关。我父亲是学徒出生，20世纪五六十年代就任上海中华造船厂热处理车间工段长，他文化程度不高，但在热处理工艺技术方面却有丰富的实践经验，尤其对电炉产品和热处理工艺的技术很有研究，只要看一眼炉火，便可知道炉温是多少，对各种材料的零部件产品热处理的温度、时间以及冷却的方法了如指掌，尤其擅长对模具热处理及化学热处理的工艺技术，是一位把本职工作当成事业的匠人，因此在当时的上海热处理行业内颇有名气，是上海市热处理行业的老前辈。

图 1-2　我父亲陈祥和母亲

　　过硬的技术使父亲深得厂领导的欣赏和重视，而且常常被推举解决上海一些重大项目中出现的难题。曾听我父亲说起过，1962 年我国自行设计制造的万吨水压机，他曾参加了其关键零件的热处理工作，并顺利完成了领导交办的任务；20 世纪 70 年代初期，有一家生产大型冲剪设备的企业，主要部件的刀刃始终达不到预期的质量要求，最后该企业通过当时的上海市热处理协会，找到了我父亲，希望能帮助解决这一难题。果然我父亲一出山，问题就解决了。因此我父亲在当时的上海制造业热处理业内是小有名气的解决难题的高手。

1968 年国务院发出《关于派工宣队进驻学校的通知》，全国大型企业派出工人进驻院校。我父亲所在的中华造船厂对应的是上海交通大学。我父亲是在 1976 年底作为一名工宣队员到了上海交通大学。上海交通大学是以理工科见长的著名高校，热处理工艺是很多专业的必修课程，因此建有完备的热处理实验室等。我父亲到了交大简直是他乡遇知音，他的热处理技术很快得到了交大许多专业教师和领导的欣赏和认可；我父亲也觉得在实验室里他的眼界更开阔了，除了四把火，还有各种化学热处理，可以改善和优化材料的性质，也是高兴得不亦乐乎。

很快到了 1977 年 1 月，邓旭初开始主持上海交大党委日常工

(a)

(b)

图 1-3 上海交通大学(张勇摄)
(a) 校门 (b) 工程馆

作;同年 6 月,被任命为上海交通大学党委书记。邓旭初是交大改革的先锋,他勇于创新,敢于开拓;尊重知识,尊重人才。因此,当1977 年 11 月全国所有工宣队全部撤出高校时,我父亲作为专门人才,被学校聘任为上海交通大学附属工厂热处理车间的高级技师,并享受教授级待遇,成为一名交大人。

三、初识紫笋

(一) 会讲故事的徐厂长

我父亲在与徐君祥厂长认识后,对他们厂生产的工业电炉也非常关心，我经常看到父亲和徐君祥厂长两人讨论如何改进电炉制造中的某些部件结构，对已发到上海企业的电炉设备，也会关心使用过程中的情况。同时我父亲也无偿指导这些企业的热处理工艺技术，指导他们如何处理出现的情况，提高这些单位的热处理技术水平。

这样，上海的一些单位，也逐渐接受长兴制造的工业电炉了。上海热处理协会的许多热处理工程人员，对徐君祥厂长勤恳真诚实事求是做人作风的认可，也纷纷为他推荐使用林城的工业电炉，这样林城电炉厂就有更多的客户需求，他们的产品也逐步进入了上海的市场。

在徐君样兄弟俩带头创办电炉厂以来，带教了好多徒弟。在改革开放后，徒弟们也自立门户，在小小林城镇的电炉制造业像雨后春笋，发展到一百多家大大小小的电炉制造企业，林城镇也成了长兴县的全国电炉之乡，工业电炉产值达到三亿多元人民币，这是始料不及的。我父亲也不会想到当年支持帮助过的一个小厂，如今会发展到如此规模。因此，此文也是纪念我父亲为长兴的电炉产业所作出的奠基性贡献！

在那个年代，技术服务是不能收钱的，我父亲说：我是有工作单位的人，有收入，帮帮他们（指徐厂长）把电炉做好，单位知道我在外赚钱的话是丢人的事。直到退休后他也是不取酬劳费的。徐厂长会在逢年过节时送来一些土猪肉、土鸡、鱼，让我们过年时多些好菜。我妈妈一定会拿出积攒的肥皂、白糖、香烟回赠，那时物资比较匮乏,城市居民生活的很多物品是计划凭证供应,简单的物物交换,虽然有点土,却是我们两家之间真诚纯朴之情,是金钱买不到的。

徐君祥厂长和我父亲一见如故,为热处理事业,呕心沥血,作出了一定的贡献。一个是用电炉的,一个是造电炉的,对如何改进设备的落后技术、提高产品质量有共同的语言,为研发新型工业电炉,开拓思路,提升了长兴电炉制造的技术水平,产品也上了台阶。经过多年的交往,他俩结下了深厚的友情。每年春茶上市时,徐君祥厂长总会早早送来一些明前新茶叶来,正是这神奇的树叶影响了我,使我为了此茶,到长兴一走就是 40 年,所以说徐君祥厂长是我到长兴的引路人。

四十多年前,我在单位做木工,不抽烟,却喜爱喝茶,可能是继承我父亲的习惯。他每天早上起来,沏一壶绿茶,潜移默化地影响了我。也可能是我中学时期的同学,他家是浙江诸暨人,每当我去串门聊天时,他妈妈总会泡上一杯家乡绿茶。这也许是我慢慢喜欢上喝茶的起因。

在那个时代,茶叶是国家统购统销计划供应的商品,上海人要喝茶买茶叶的话,就只能到国营茶叶店去买。70 年代上海茶店里的茶叶都是茶叶公司总经销,茶叶店的茶叶样品放在小碟子里,会标明茶叶名称、产地、价格、等级。所以,那时候隔段时间,花上十分之一的工资去买一两茶叶。顺便看看样品的茶名、产地,好比去上了堂茶叶课,轮流品尝着各地的茶叶,时间长了,也逐渐了解各产地的茶叶了。

直到徐君祥厂长带来了长兴的紫笋茶后,让我突然有一种莫名的兴奋和好奇。兴奋的是,这么好的茶叶价格却很低,对于收入不高的我,这是利好消息。好奇的是,这长兴的茶叶,茶香怡人,味爽甘甜,比从店里买回的茶叶好喝多了。这是什么茶? 徐君祥告诉我,这是长在长兴山里的土茶,虽然名气不大,但曾经是给皇帝的贡茶,只是后来失传了,我们当地人把这个茶叫做子孙茶,意思是献给皇帝子子孙孙喝的茶。徐君祥厂长刚到长兴时做过木匠,走乡串巷为长兴当地人家上门做家具,因此坊间的传说和故事听得比较多,也常常给我讲一些有趣的故事。

(二)紫笋茶的故事

有一次徐厂长来我家,看到我对紫笋茶很感兴趣,于是给我讲了关于紫笋茶的故事。

在很久以前,有一对逃难的父子俩来到长兴,看到这儿群山叠嶂,山峦起伏,云雾缭绕,清泉甘甜,觉得这环境适合种茶,于是父子俩辛勤开垦荒地种上了茶树苗,经过精心培育几年后茶树苗壮,制成的茶叶又香又好喝,附近的村民赞不绝口,这事惊动了当地的恶霸,喝了茶以后竟动了坏心,于是恶霸就领了一帮家奴,气势汹汹来到茶山,对那穷人说:此山都是我的,不准你们在此种茶,并要拆除茅屋不让再住,穷人苦苦哀求毫不顶用,争执中恶霸的家奴下毒手重伤了老农,走的时候还恶狠狠地说:你们快滚,过两天要你们好看！恶霸们走后，老茶农对儿子说：这茶山是我们用血汗浇灌，是我的命根，可我拼上老命也斗不过恶人，你带上我们的茶叶快逃命去吧。儿子哭着逃离了。

几天后，恶霸又带人上山，烧了老人的茅屋，恶霸霸占了他的茶山，老人也被恶霸的家奴打死了。

穷人儿子一路颠簸逃到了京城，饥渴难耐只好向茶馆老板乞讨水喝，并取出自己的茶叶投入碗中，不一会茶香四溢，惊了屋内的茶客纷纷围了过来，问道此茶何名？产于何地，他含泪述说了自己的不幸遭遇，同时也让老板和茶客尝了他带着的茶，大家同情他的遭遇也同声赞誉茶好，老板想了想，对穷人说：这样吧，当朝的丞相常派仆人来这儿寻找好茶，你包一点茶叶让人送去，也许，只有他能帮你了，你就先暂住几天。没想到丞相喝了茶，连连说好，忙唤来仆人问这茶的来由，仆人一一说了经过，丞相听后沉思了一下说：此人遭困遇难，亦颇可怜，况且此茶确实难得见到，乃属茶中珍品，当献于皇上。于是，丞相进宫把茶献给皇上，当茶碗端上时一股清香拂面，沁入心脾，喝一口茶汤，其味甘爽醇厚，齿颊留香，皇上大悦，对丞相说：这是何茶？何地所贡？快让多进贡些来。丞相一一说了此茶的来历，皇上听了就说：这等好茶当属我朝廷享用，派人去看看事情原委如何。此时皇上的一个儿子在旁听后说：父皇，让我去吧，皇上同意了。

于是，太子带上人马让种茶人领路，来到茶山。太子一看此地山水秀美，茶树长得油绿茁壮，太子也是嗜好喝茶的，他不想回宫了。就写信给父皇说：此茶山甚好，这种茶人有功当以奖赏，恶人也该诛杀，以平民愤。又说：世上有如此好茶是朝廷的福分，我愿为父皇看守好这片茶山，让我们皇家的子子孙孙都喝上这好茶。据说这茶当时就被称作"子孙茶"，当地语言的发音"子孙"与"紫笋"是相同的。太子爱茶留在了茶乡，传说太子死后当地人为了纪念他，专门修建了一座太子庙。徐厂长说在长兴的长潮乡真的有一座太子庙，只是在"破四旧"时被拆了。我一直记着这个故事，很想有机会去实地查证，那里是否真有一个与紫笋茶有关的太子庙遗址。

经常听徐厂长讲长兴紫笋茶的故事，我的脑海里会时不时浮现出茶山、茶园以及人在茶山中的景象，从而萌发了要去长兴看看的想法。

（三）"㹽"桥的故事

1979 年底，我完成了单位选送我去医疗系专业学习，毕业后回原单位（天原化工厂医务科）报到，人事主管说：你先休息几天，元旦过后再正式上班。这样我就有了十天的假期，于是约了一位大学同学，一起坐火车到杭州，再坐长途车到长兴林城镇。那时候的公共交通条件差，车站简陋，车辆老旧，一路颠簸，到林城镇已快傍晚了。小公共汽车再前往一站就是终点"㹽"桥，这个"㹽"字左边是"亩"，右边是一个"犬"字，合起来是"㹽"，是个冷僻字。我比较好问，就向徐厂长请教。徐厂长哈哈大笑说，这个字不会读的很多，字典上也查不到。曾经有好几个工程师、教授来厂里，也不认得这个字。健谈的徐厂长说这个字读音同建字（献 jiàn），同时还讲了一个关于"献"桥的传说。在林城镇往南有一条河，阻隔了两个村的来往，有人要过河到对岸，只能靠小船摆渡过河，很不方便，附近有一位善人，也是殷富人家，有点家产，他想在两村之间的河上建一座桥，可以方便村民往来，也是积德的善事。想想容易，但实际做起来就不一样了。因为这里的河虽不宽，平时水也不太大，但一到夏秋两季山里冲过来的洪水，猛然使河水涨高，把刚修建好的木桥冲垮了，只得重新再建，于是这位善人心想造桥是百年大计，总得坚固才行，造个石桥吧，他再花钱买来坚固的石料，专门请来一些石匠，这样又花了不少代价，经过石匠们精心打造，一座石桥建成了，方便了两岸的老百姓，可是这位造桥的好心人，用完了自己的家产，只剩下一亩地和一条狗了，村民们为了感谢这位舍家产为民造福的好人，将此桥命名为"献"桥，是要告诉后人记住造桥人奉献家产造桥，最后只剩下一亩地和一条狗的善举，于是就有了"献"字。

我一直想去看看这座古桥，但都因行程匆匆未能如愿，直到2017年前，因为要去看一个养蜂基地，地点邻近古桥，就顺道去了古桥，遂了自己多年的心愿。

古桥并没有想象中的宏伟，用现在的眼光看只能算一座小石桥，但此桥造型并不像江南一般常见的石拱桥，而是平卧的石板桥，中央桥面的花岗岩石板是用三条整块石料雕琢而成，桥面中央石板有一圆形的浮雕，使石桥增添了古朴隽美的艺术感，两边扶栏用花岗岩做成,整座桥面看上去简洁实用,已经历了久远年代(见图 1-4)。

图 1-4 长兴县畎桥

最近查阅到《长兴县地名志》记载有:"畎"桥位于县城西南 17.5 公里,系一座石结构七孔人行平桥,东西向,跨"畎"桥港,桥长 34 米,宽 2.05 米,现桥上刻"畎"字。

相传原无此桥,当时卢村有两个富豪打赌,一说你能在此造桥,我就能把石板从桥开始铺至卢村,但结果造桥者耗资甚大,完工时家产仅剩下一亩地和一条狗,因而把桥命名"畎"桥。该桥是长兴县立柱式平桥中最完美的一座,故列为县级文保。

从一个不认识的冷僻字,引出徐厂长讲的畎桥传说,让我思索良久,修桥铺路是中华民族崇尚的行善积德之举,但是故事中的主人公,倾其家产建好了石桥,自己却只剩下一亩地和一条狗,建成的石桥,造福的是两岸百姓。这"畎"字是对造桥者奉献精神的赞美，也是鼓舞人们干大事，要有奋斗不息直到成功的精神。

从徐厂长讲的传说故事和地方志中记载的故事，情节有所不同，但是石桥依旧在方便两岸百姓的生活。美好的传说故事，赞美的是长兴人的奋斗奉献精神，在我这个外来者的眼光中，看着长兴发展起来的过程，从一个相对贫困落后的小县城，到今天成为领先全国县城的行列，建设的现代化新城区亦欣欣向荣，这都是长兴人民自己努力奋斗直到成功的精神展现。

同样，徐厂长当初创办的小厂，起步是生产几个简单构造的工业电炉，厂区规模小、产品少，技术力量也在开发摸索，经过二十多年的努力奋斗，从年产十多万元的一家小厂到如今成为林城电炉制造行业中的领头企业，其中的艰辛付出和砥砺奋进、实干务实的努力是至关重要的。1995年在林城镇政府领导、工商局的大力支持下，成立了"长兴县工业电炉制造协会"，由协会组织企业合作、沟通、扬长避短，产品技术不断升级。徐厂长现在的企业浙江省长兴精工电炉制造有限公司，先后研制开发的新产品有：程序控制真空脉冲氧化电炉、真空充氮气保护卧式电炉、真空氮氧化电炉，采用计算机人机对话自动控制技术，多项技术获得国家发明专利，受到上海市交通大学中科院院士徐祖耀教授的高度评价。产品远销上海、东北三省、浙江省、重庆、湖北省、广东省、四川省等全国各地，以及马来西亚、新加坡、印尼、越南、美国等多个国家。

回顾一下，林城电炉制造业的发展过程，从徐君样和徐峰的初始创业，他们的事业成功的更大意义是带动了整个林城镇乃至发展成"电炉之乡"。截至 2012 年，全县内办起上百家工业电炉制造厂，全县工业电炉的总产值达 2 亿多，实现纳税两千多万元，为当地农村提供了 1 000 多个就业岗位，在实践工作中，培养造就了一批有电炉设计能力的人才和工厂管理人才。2013 年，长兴已成为国家非标准工业电炉生产基地。在没有任何资源可以依赖的情况下，凭着努力奋斗、一定能成功的精神，取得了现在的丰硕成果。现在，长兴林城已形成规模生产的工业电炉产业，成为长兴经济发展中的一个有力的组成部分。

很高兴看到他们从事业初创到成功，不由使我想起了眹桥和建桥人的故事，从他们身上反映出的与时俱进直到奋斗成功，正是一种建桥精神的再现。见图 1-5，图 1-6。

图 1-5 2019 年 10 月作者与徐君祥董事长
讨论《紫笋茶缘》书稿(李光来拍摄)

图 1-6　2021 年 5 月 21 日,作者再次拜访浙江长兴精工电炉制造有限公司
前排右起:吴吉峰(原上海交大附属工厂副厂长党总支部书记);
徐君祥(浙江长兴精工电炉制造有限公司董事长);
徐　峰(浙江长兴华峰喷焊材料电炉有限公司董事长);
金守郡(华东师范大学教授)。
后排右起:徐小龙(浙江长兴精工电炉制造有限公司总经理);本书作者。

第二节　到了林城初识茶

一、茶香之路的起点

1979 年,我第一次走进长兴,来到林城镇,是看看电炉厂,也熟悉一下来长兴的交通情况。而后来影响我走上茶乡之路追寻紫笋茶，是1980年春到长兴林城镇看茶买茶。这也是我走进长兴之旅的真正起始。那种在茶市场看到的茶叶，闻到的茶香印在脑子里，吸引我，就像一只候鸟，每年春季往返于上海、长兴之间。更没想到的是，这样一走就是40年，因茶而来长兴，因茶使我成了长兴的常客，日久生情。我与长兴的紫笋茶，与长兴这块土地的不解之缘，就此开始，并延续至今。

那时候没有双休日，每周休息一天，要先调整好两三天休假日，再与徐厂长约好时间，从上海的公兴路长途汽车站，乘长途车到长兴，汽车开出市区后，经沪青平公路（318国道段），往安徽方向，到长兴的行程约180公里，行程并不长，但从前的道路狭小，只有一条双向行驶的车道，路况也不好，弯道多，桥梁多，整个行车过程大约6个多小时，若碰到车辆碰擦，会堵上很长时间。

318国道是上海通往西藏拉萨的一条重要国道，限于以前的经济条件，道路确实很差。但是随着国家的发展，高速公路的建成联网，推动了整个社会的经济发展，其中艰辛的历程展示了我国人民勤劳奋斗的精神。我有幸在这40年中亲眼目睹318国道的修建发展，看着它由一条小路变成一条康庄大道，真是感慨万分！

现在的G50沪渝高速，真是漂亮的宽敞大道，路面平坦，管理现代化，行驶在高速路上，两边的绿化景观，也为道路增添了色彩，从上海到长兴，小车只需2小时左右的时间即可到达。据说还在修建上海到长兴的直达铁路线。因为现在的上海到长兴高铁，必须绕道杭州。人是会舒服一点,但是路程出行的时间也是 2 个半小时,而上海虹桥的长途大巴只需 2 小时,所以上海到长兴的交通已非常便捷了。

与沪渝高速同向的 318 国道经过多年的拓宽建设,也改变了从前的单车道的面貌,两边的绿化景观也很漂亮。自从高速公路建成后,已很少走那一段 318 国道了,还真想再走一趟,看看一路的风景。那时候的 318 国道路面没有现在宽敞平直,弯道也多,有的路段与河道平行,邻近的河岸边没有太多的树丛遮挡,可看到遥远的村庄农田、小河港汊,时不时地可隔着车窗看到河中的运输船装着满满的货物顺流而行,形成水陆并进的景象。

长兴县城内新建成的东鱼坊,是集旅游、购物、餐饮多功能的文化娱乐生活广场见图 1-7。

（a）

（b）

图 1-7　东鱼坊
（a）新改建的东鱼坊　（b）原东鱼坊老城一街景

二、东方小莱茵河

　　从上海去长兴，我都是乘坐长途大巴（见图 1-8）。有一次下午出发去长兴，车前行到南浔段时，差不多已近傍晚时分，车窗外可看到邻近的河道远方，一轮夕阳西坠，如一个红红的圆盘，阳光已不那么刺眼，照在河面上，泛着一片金光随波晃动，一艘艘运输船来往穿梭而行。如过江之鲫，一派繁忙的运输景象，西行的船只远远的已成条条黑影，逐渐隐入金色的水波中，真是一幅壮美的江南

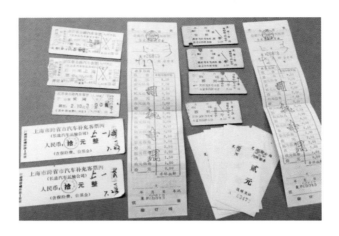

图 1-8　无意中保留下来的老车票,成为往返上海与长兴的记忆

水乡美景,令人陶醉(见图1-9),使我忘却了坐长途车的枯燥和疲劳。我一直想知道这条河名叫什么,有人说是运河,但具体叫什么运河呢? 为此我想请教老朋友杨冬林先生,以求解惑。我与杨冬林已多年未见,早在十几年前,杨先生曾开车到上海为我送过茶叶,我初到长兴顾渚山时,他也曾开车送我到桃花岕山上看茶园,是我在长兴早期相识的好朋友,曾在长兴县原船务运输公司任职。他同学告诉我,杨冬林已经离开原来的公司,自己成立了天顺物流有限公司,任总经理,也是经营水上运输。杨冬林熟悉这条水上运输线,他告诉我,这条河也属于西苕溪,航道称为"长湖申线",起点是长兴的小浦,至长兴后,从长兴到湖州入太湖至平望,再到上海青浦。这是一条重要的水上运输要道,为上海运输了大量的石材、黄沙、水泥等建材物资,为上海的城市建设贡献卓著。长湖申线的

图 1-9　金色的航线——东方小莱茵河

水上运输业务繁忙,也带动了沿岸一带地区的经济发展,我看到的那段河道,是较繁华的,故有"东方小莱茵河"之称。

三、高阳桥

在得到杨冬林先生指点,使我心中悬了多年的疑问,得到了解答,在 318 国道上走了这么多年,怀念走过的路,回忆旅途中的美好景象,也是在长兴之旅的行程中,留在我心中的一个亮点和深刻美好的印象。

从上海出发，车经过 318 国道沪青平公路段，过湖州，进入长兴市区时，要过一座古桥——高阳桥。在我的长兴之旅中，这是一座值得记忆的桥。有长兴的朋友笑我，怎么会对一座不起眼的小桥如此关注？因为在 40 年前，我初入长兴时，此桥是 318 国道必经之桥，去林城也必须过这座桥，过桥后 318 国道延伸到安徽省，直至到远方的西藏拉萨、日喀则。

记得那时候的桥面并不宽，两辆汽车同时交会过桥也有点难度，因是进长兴的交通要道，人来人往，车水马龙的也很热闹。高阳桥位于长兴城区的环城南路，是长兴的古桥之一，古名高泥桥，又名高宁桥。据清《长兴县志》记载："高泥桥在便民仓南（即现在的仓前街）跨方家港（县志俗称为高宁桥），咸丰十年毁，同治六年善后局钟麟等重建"。史料证明高阳桥也有几百年的历史。

我对高阳桥的看重并记述，是与我在长兴时活动轨迹有关。1979 年，我第一次来长兴时，长途汽车站是在解放路口，邻近 104 国道，那车站小而简陋，几年后车站往南迁移至环城南路口，仍靠近 104 国道，车站建了扩大规模的候车厅和停车场，整洁宽敞了许多，出入车站的道路也拓宽了，这个车站运营了约 20 年时间，同时 318 国道也南移到长兴城区外围公路，不从高阳桥过了，高阳桥成了长兴城区内的桥了。

出长途汽车站，往西走几百步即到高阳桥，过桥不到百米，是仓前街的路口了，往北有一座小桥，叫仓桥，过仓桥往北就是热闹的居民生活区了。不太宽的仓前街两旁有许多店铺，一派繁荣景象。我的好朋友许建军先生公司的门店和家,就在附近。与许先生相识后,他和家人待我非常热情真诚,视我如家人一样,许先生还替我联系拓展茶叶方面的朋友,多年来,我在长兴找茶,买茶,初涉茶道,在人生地不熟的长兴城里,全靠许先生的热心相助,胜过兄弟。所以每到高阳桥时会有一种快到家的感觉。当然过高阳桥进入长兴城区,还是为了紫笋茶,到茶叶市场选购茶叶。尤其在2000年后,每年要多次来长兴采购茶叶,高阳桥也就走得多了,也就有了故事。

2010年,我60岁生日晚宴在长兴花园酒店举办(见图1-10)。18位陪我到长兴的上海亲友们,还有长兴的几位好友,济济一堂,

图 1-10　我和许建军夫妇在生日晚宴前的合影

深情真诚的祝福,陪伴我度过终生难忘的美好时光。

几十年来,我对高阳桥印象深刻,目睹长兴城的变化,旧貌换新颜。现在的高阳桥环城南路拓宽了很多,路面平整宽敞,路两边环境整洁,小河也疏浚清理,沿岸修建了人行观景小道,随着城市的变化,显示出江南小城的美丽(见图 1-11)。你能想象出这里曾经是 318 国道段吗? 现在的 318 国道和 G50 高速公路已成为长三角主要的通衢大道。长兴也正是邻近通衢要道,是"要致富,先修路"的道路建设带动了长兴的飞速发展。

图 1-11　高阳桥

记述高阳桥和长兴汽车站的变迁,是追寻长兴建设发展的脚步,从一个小县城建设成眼前的美丽城市是长兴人民勤劳努力建设的杰作。作为一名外乡人,看到这里的发展变化,回忆走过的桥和车站,不仅仅是怀旧,记述是为了不忘记过去,尊重前人辛勤付出的劳动成果，珍惜当下的生活，为后人留下一点这方土地上从前的故事。

四、农贸市场学买茶

1980年4月初，经过一天的颠簸，到林城电炉厂，已近傍晚，徐厂长已通知食堂备了晚餐，菜虽不多，却都是当地新鲜的鱼虾、蔬菜，其味鲜美，从上海过来吃到这样的美味真是口福不浅吧。

第二天早起，我跟着徐厂长去镇上的农贸市场，开始了找茶之路。天刚刚亮，镇上已开始热闹起来，我怀着一种好奇探索的心情，来到集市。乡镇的集市是当地人们采购日常生活必需品，交流农产物资，民间交流信息的场所。早起的人们已经在集市中忙活起来。有卖蔬菜、鸡鸭鱼肉的，有卖农副产品的竹器篮筐、木榄、农具锄头镰刀的……，还真是琳琅满目，有许多物品是我在上海看不到的。另一边有几个方桌几条长凳，是给赶早的人们提供吃早点的，炉子上的大铁锅冒着腾腾的热气，卖面条的老板忙着摆碗加调料，准备下面条，好几层高的蒸笼边上冒着热气，也不知是什么美食，大多是包子、米糕之类吧。煎油条煎饼的油烟味混杂在蒸汽中，那是一种民间熟悉的烟火气，透过缥缈的蒸汽，几位当地人正悠闲地吃面，或咬着油条煎饼，竹筐里放着买好的菜，和熟悉的朋友谈笑交流，构成一幅安乐和谐的生活场景。

卖茶叶的茶农大多是没有固定摊位的，一般是卖完即走。那个时代茶叶还没有开放，生产队茶叶场所产的茶叶都是由国家统一收购，茶农只能少量的自产自销一点，白天在山上采些鲜叶，晚上加工炒茶，数量一般不多，一个晚上也就是二三斤茶叶，有的更少。清早天未亮，从山里赶到集市上卖掉，换点钱购买些生活必需品，他们都是捧着一袋炒好的茶叶，站在集市入口的路边，规规矩矩地等候买茶叶的人。

徐厂长带着我在集市上转悠，从茶农带来的茶叶中选找好茶，他在前面走，我在后面跟着看。徐厂长在镇上还真是有点名头的，这些人看到徐厂长一到，都会招呼他：老板来了，看看我的茶叶吧。徐厂长总是哈哈一笑说：等等，等会儿看，你这个茶多少钱一斤？炒得怎么样？火头老不老啊？徐厂长看看茶叶然后指给我看，这包茶叶，炒的时候火温偏高了，已有焦火味了。又到另一家茶农面前，拿起茶叶袋子，嗅了嗅茶味后，又看看茶叶的颜色对我说，这茶颜色青绿，虽然看看好看，但是没炒好，有点青草气。这样一个圈转下来，徐厂长已经看好几个人的茶叶了。他在看中的茶叶中，抓一点冲泡后，观察茶叶在水中的变化，香气的浓淡，再品尝茶汤，体会茶的滋味，有时没带杯子，或没开水泡茶，就直接抓上几片干茶，放入口中含化，不一会茶叶就释放出茶香茶味，过一会再嚼一下口中的茶叶，其浓淡、甘甜还是苦涩都会表现出来。这个办法方便，而且简单有效。徐厂长还教我一招，看茶叶的干度如何？只见他抓起几片茶叶，用大拇指与食指挤压茶叶，揉搓一下放到手心，让我看他手心中央的一团粉末状的绿茶末。徐厂长说："干茶在手指的捻动下，能变成粉末的，说明茶叶的干燥达到了要求，工艺也到位了；若手指捻不碎，还是粗粗的茶叶条或芽，说明干茶的含水量高，难以存放，很快会变红变味的，这样的茶叶就不要买，必须再次烘干才行。"

这些点点滴滴的买茶学问，让我逐渐感受到了其中的乐趣，现场的现学现卖，虽说这种氛围有点原始，却是公平自愿交易。茶农开价后，你挑选想买的茶叶，买不买是由顾客决定的。你选好一袋茶后，与茶农商量可否便宜些，这种讨价还价在市场上是很正常的，只要不太离谱的话，双方都会愉快接受成交。在市场上，我注意到一个现象，这里来卖茶叶的茶农，一般都自觉站在集市入口处的路两边，因为里面要付摊位费的。茶农各自站开卖茶，不会插嘴边上旁人的生意，也不会抢先递上自己的茶叶袋，只有你站在他的面前，问起他的茶叶价格，他才会与你交流茶价，介绍他的茶叶是什么时候加工的，是哪座山里的茶，你可以仔细地看看袋中茶叶，闻闻茶香，品一下茶。

初次到林城集市选茶买茶，让我尝到了买茶的乐趣和甜头。带着买好的几斤好茶，回上海给亲朋好友、同事们分享。他们都说我从长兴买的紫笋茶叶泡的茶好喝，更促使我有了翌年一定再去的想法，第二年，第三年……直到40年后的今天，每年的春茶上市了，我会像候鸟一样如期而至，从未间断，不知不觉中，也逐渐学会了选择茶叶的方法。我会先看看整袋茶叶的色泽是否深浅差不多,有没有新鲜油润感;然后蹲下靠近袋口,深吸一下茶香,细细分辨是否有烟火味和青草味,好的茶,只要靠近袋口,深深地闻一下,会感觉到新茶特有的清香,并伴有淡淡的甜味,好茶的香味真是沁人心脾、舒畅醒脑,在香气好的情况下,抓几片茶叶放嘴里,慢慢含一会,再踱步看看其他人的茶,一边走,一边品味口中干茶的香气,滋味变化,确定是否要买。当选到一款好茶时,兴奋的心情是无法言表的,这是找茶过程中的最大的乐趣之一。有次我买到了二三斤安吉孝丰山里的茶叶,拿给徐厂长看,泡好了茶,他一喝,就说这茶是野山茶,孝丰那里山势高,孝丰山多产好茶,你买到了是运气好。

几年下来,我喝的茶大都是从长兴集市上买回的紫笋茶,茶叶店里也不大去买了,偶尔有一次去一家较大茶叶店,看到紫笋茶,标价是我去长兴买的近十倍,我觉得这差价这么大,去长兴买紫笋茶是买对了,可是忽略了我去长兴所耗费的时间和路费。我买的几斤茶叶的成本更高,说明我不是商人,没有经商意识。我在国企单位上班,看看门诊,后来又做了行政部门的管理工作,但到长兴买茶叶的事却从未间断过,反而因紫笋茶引起了同事朋友们的好奇,他们常向我提问,当时我也不知如何解答,那时也没有人讲茶文化,也没有这方面的书。

对于紫笋茶大家疑问最多的是:这紫笋茶虽然很好喝,但为什么没有龙井、碧螺春茶的名气大?而且从来都没有听说过这个茶;也有人从字面上理解,认为紫笋茶是紫色的,可能有竹笋的味道。还有朋友听我说要去长兴就会说:噢,去长兴啊,长兴岛上橘子很多,带点橘子回来。我告诉他们长兴是浙江省的一个县。只是当时的上海人还不太了解长兴,更不了解紫笋茶,我也是听了徐厂长讲的有关紫笋茶故事,才知道这是古代就有的,而且是贡茶。后来《新民晚报》也刊出了一篇介绍紫笋茶的文章,1985 年,紫笋茶还被评为全国名茶,《解放日报》也刊登了这条消息。我当时兴奋得举着这张报纸,告诉和我一起喝茶的办公室同事们说:你们看,这紫笋茶是全国名茶呢!

紫笋茶泡在杯中亭亭玉立,茁壮如笋(见图 1-12)。我对紫笋

图 1-12　顾诸山紫笋茶泡在杯中亭亭玉立,茁壮如笋

茶越来越感兴趣了，为了解答这些关于紫笋茶的问题，我不由自主地对紫笋茶寻根问底，渐渐地不断增加新的长兴朋友圈，扩大了对紫笋茶的了解，直到寻访顾渚山的紫笋茶。

第二章　顾渚寻茶魂

第一节　步入顾渚访紫笋

一、共享紫笋茶

时间过得飞快，一晃进单位工作 20 年了，1988 年我被职工推选为总务科部门的工会主席，由此，参加学习开会的机会多了。从门诊桌上到开会时的会议桌上，我面前的一杯茶，总会吸引爱茶人的目光，他们常常问我，这是什么茶叶？看上去一朵朵的嫩芽，茶汤很清，赏心悦目，我回答：这是紫笋茶。同事们一脸茫然，说，从未听说过。于是我拿出紫笋茶与同事们分享，让他们尝尝紫笋茶，不知不觉中把紫笋茶推荐给了大家。

不久原工作单位的三产运输公司党支部书记俞从勋副经理找到我，问我能否带他们去长兴看看紫笋茶的产地，为职工买些品质好的高温劳保用茶。这时间大约在1994年,我国的茶叶已经开放经营,各地的茶叶已进入了上海,我想在林城镇集市上茶叶的量不多,听说长兴城里有个茶叶市场。当时,我想到了长兴雉城镇的许建军先生。

许建军先生原在国营单位任职,是长兴县紫砂厂的厂长,后来自己创业耐火材料的生产,当上了私企老板。联系许建军先生后,请他安排去水口乡的行程。从此,我才进入顾渚紫笋茶的核心产区,为我深入了解认知紫笋茶,提供了极大的帮助。近30年来,尤其在2000年以后,我有时去顾渚山。选购茶叶,他都会热情相助,为方便我去长途汽车站,还真诚邀请我住在他家里。这些年来我们成了无话不谈的知己朋友,他也是我在紫笋茶和紫砂壶领域的引路和开拓人,我想这也是因紫笋茶结的缘分。

在与许建军先生约好时间后,运输公司的刘焕浩总经理和我等几个人开辆小车到长兴,并跟随许建军先生一起去水口乡顾渚村考察紫笋茶产地。

当时从长兴县城到水口顾渚村,只有一条狭窄的乡村小道,仅能通行中小型车辆。第一次进顾渚山,我就被这一片绿油油的世界所吸引,一进水口乡,道路两边树木成荫、竹林婆娑,空旷一点的地方是矮矮的茶树。麦苗、油菜等庄稼也是绿色葱茏,生机盎然。久居城市的我倍感新鲜兴奋,心情舒畅。呼吸着清新的空气,大家都被这纯净自然的环境陶醉。因时间关系,我们一行没有进入深山茶园,看着远处层峦叠嶂的山峰,面对如此良好的生态环境,运输公司刘总经理说:这里山清水秀,没有污染,茶叶肯定好。于是当场决定就买这里的茶叶,紫笋茶以它独特优良的品质,深受职工们欢迎,大家都很喜欢喝紫笋茶了。

有一次,运输公司的一位司机朋友告诉我,这紫笋茶非常干净,他每次开车前用咖啡瓶泡紫笋茶,出车行驶一段时间后,车停下,咖啡瓶里的茶水也会停止晃动,茶水立刻清澈,但同样的情况泡其他的茶叶,茶水就变得浑浊,如淘米水一般,即使车停了一会,茶水也不会清亮。他们对紫笋茶品质的朴实评价引起了我的关注。多年后这一评价,我在长兴档案馆查阅有关紫笋茶资料时,得到了印证。据《长兴县志》(清·同治·卷十七)记载:"茶性最寒,而顾渚茶独温和,饮之宜人,厥名紫笋。他茶久置则有痕迹,唯此茶置久,清若始烹。"紫笋茶不同于其他茶且最大的优点,一是性温,喝了有益于健康;二是泡沏的茶汤清澈,即便时间久了也不会变色变浑(见图 2-1)。

从 1994 年开始,每年的春茶上市时,运输公司俞副经理会请我一起去长兴,为他们公司选购劳保用茶。我也就请许建军先生先为我们联系预订茶叶,到了长兴后,我成了品茶师角色,从林城徐厂长那里学来的识茶知识也派上了用处。面对几大袋足有二三百斤的茶叶,我也是先看茶叶的整体外形、色泽,俯身深深地闻一下茶香,再每袋抽取一点,冲泡后品尝、闻香,喝一下茶的滋味,看看舒展的茶芽,茶汤是否清亮。此刻这紫笋茶的清香、甘爽、赏心悦目的汤色,展现出紫笋茶特有的品质,最后不忘捻几根干茶,看

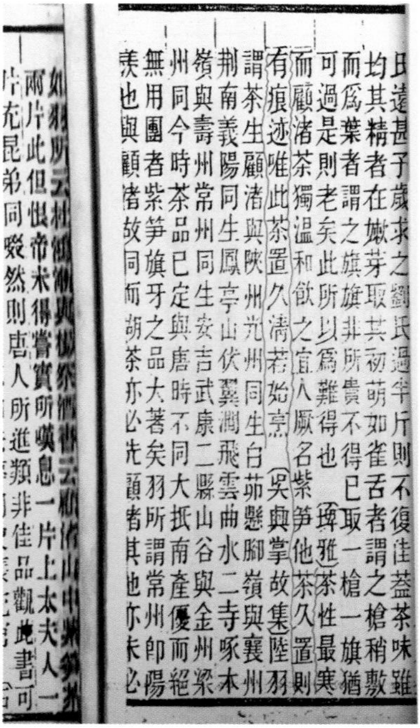
民遠甚予歲求之劉氏過半斤則不復佳蓋茶味雖
均其精者在嫩芽取其初萌如雀舌者謂之槍稍敷
而爲葉者謂之旗旗非所貴不得已取一槍一旗猶
可過是則老矣此所以爲難得也（埤雅）茶性最寒
而顧渚茶獨温和飲之宜人厥名紫筍他茶久置則
有痕迹唯此茶置久清若始烹（吳興掌故集）陸羽
謂茶生顧渚與陝州光州同生白茆懸脚嶺與襄州
荆南義陽同生鳳亭山伏翼澗飛雲曲水二寺啄木
嶺與壽州常州同生安吉武康二縣山谷與金州梁
州同今時茶品已定與唐時不同大抵南產優而紹
無用團者紫筍旗牙之品大著矣羽所謂常州卽陽
羨也與顧渚故同而湖茶亦必先顧者其地亦未必
兩片此但恨帝未得嘗實所嘆息一片上太夫人一
片充昆弟同啜然則唐人所進類非佳品觀此書可

图 2-1 长兴县志(清·同治·卷十七)复印件

看是否成碎末，以鉴定此茶的干燥度。当时我是非专业评茶人员，所用的评茶技巧，也是品评、鉴定茶叶品质简单有效的方法，是根据平时选茶、喝茶时用心体会的经验积累，实际上也是一种感官品评茶叶的方式，为我以后学习专业评茶知识打下了一定的实践基础。在连续每年来长兴选购紫笋茶过程中，也慢慢地积累了对紫笋茶的了解。长兴的茶叶老板，很重视茶叶质量，也讲信用，经营公道，在运输公司十年左右采购茶叶中，没有发生过茶叶质量不好的问题,我也从茶老板那里学到了不少紫笋茶的知识。

从我初到长兴林城识茶、学茶开始,进而到长兴茶市场,为三产公司选购茶叶历经十几年。从前仅仅是自己为了喝到钟爱的紫笋茶,往返于长兴上海,每年春茶上市之际,到长兴买上一年要喝的紫笋茶,纯粹是个人爱喝茶,跟做生意毫无关联。有人问我:"你当年从事医生职业,又是国企的中层管理人员,怎么会转到做茶叶生意方面去研究茶叶?这其中有一个很大的跨越,这个跨越的过程有点难以想象,你是如何做到这个跨越的呢?"

这位茶友问得很实在,放着好好的医生不做,单位的管理干部不做,转而去搞茶叶,确实令人费解。这让我想起一句名言:上帝为你关上了门的同时又给你打开了一扇窗。似乎是赞美命运上帝封闭了你,而后又会给你打开一扇窗,给你出路。但我认为,这是忽悠人的安慰话,劝你服从、接受现实,等待命运上帝给你出路。实际上,当你被命运所赐跌入低谷,在门已关上的黑屋里,等不到也没有上帝来为你打开窗。这个出路之窗,必须靠自己去打开,才会有新的生活之路,否则,只能被闷在黑屋子里。

二、为紫笋茶乡做贡献

现在回忆这段跨越职业的习茶之路,确实是一杯浓重苦涩回味无穷的茶,跨越的时间看起来是很短,其实很多年前,已潜移默化地被紫笋茶感化。如果说前 20 年,结缘于林城的徐君祥厂长,是他让我喝到紫笋茶,那时是自己喜欢这紫笋茶,每年买点自己的口粮茶。而后 20 年的时间,确实是从喝茶转为卖茶的跨越,其中的甘苦也只有自己知道。所以说,这个跨越过程不是一蹴而就的,这也许是命运的安排,身不由己。转折的时间节点,刚好分成前、后各 20 年,跨越的节点看上去很短暂,但仔细回忆一下,这前 20 年,正好是我走进长兴逐渐熟悉并爱上这片土地的过程,日久生情,加上这么多热心的朋友,长兴俨然成了我熟悉的故乡。我从长兴带回紫笋茶和其他土特产,也不忘回馈我的朋友们。我也常想到为长兴做些什么,值得记忆的两件事,是我此生中为第二故乡倾注的心血和感情。

(一)牵线搭桥引外资

在 1993 年,改革开放带动经济发展时,各地兴办了许多中外合资企业,当时的林城电炉厂也需要发展资金,扩大生产。长兴县政府也发文鼓励招商引资,以推动当地企业发展。那时候我有位在香港的朋友,刚好想在内地找合适的投资项目,我想到了林城电炉厂的徐君祥厂长,及时把这个信息告诉他,询问是否可行?徐厂长非常重视,马上向镇政府领导汇报,向上级相关部门请示申办中外合资的手续规定,并请我邀请香港的朋友来长兴考察洽谈合资事宜。当时,是徐君样和徐峰两人代表长兴方面与投资方详细商榷办合资企业的方案细节,我也一起参加讨论,做好会议记录。镇政府的领导也多次参加商谈。

那时候没有高速公路，专程接我们的小吉普车，从上海到长兴的路程也得4～5小时，我每次都安排好港方客人的行程用车。在几个月的商谈时间里，也有好多个不眠之夜。数月后，项目合作方案成功达成，经双方一致同意，组建中外合资电炉厂，成立了长兴县首家中外合资企业——浙江湖州兴浩电炉制造有限公司（经营多年后转制），见图2-2，图2-3。

图2-2　洽谈中外合资事宜，
左3为中外合资投资人徐国桢先生，左4为本人参加会谈中

我当时的心情，也随着中外合资项目的成功，感到激动。在这几个月的时间里我确实辛苦，在合资企业举行开业仪式时，我也配合接待投资方面来的中外客人及上海热处理行业的专家、企业家，心里非常高兴，觉得是为自己的家乡在做事。

图2-3　长兴县首家中外合资企业——
浙江湖州兴浩电炉制造有限公司

（二）物尽其用，爱心暖流长兴

2001年，我原来工作的国企停产搬迁，厂里大量的设备等物资要做处理，价值低的只当作垃圾处理。我当时在厂里留守还在上班，负责清理低值易耗品的工作，将一些稍值钱的空调、电脑等统一回收入库，而许多办公写字台。橱柜，还有厂校、厂政校上课用的课桌椅等无法处理，有的橱门被人撬开损坏，非常可惜，我看后十分心痛，心想这些物件都是可以使用的，如能捐给贫困地区学校用,哪怕让我自掏腰包买下,我也愿意的。厂领导同意了我的这一建议,并让我联系处理。我想到了长兴的农村学校,不知是否会需要?于是,打电话联系许建军,请他向长兴县教育委员会反映上海企业的这一信息。第二天,长兴教育委员会的一位领导和一位小学校长,专门坐了一辆普桑车来到我厂,了解并确认情况后,表示了感谢之意,也约定了如何将这些物件运输到长兴的具体时间。

在我向厂领导汇报事情经过,并表示:"物尽其用,这么好的课桌椅等被破坏,当柴烧实在太可惜了,我个人出钱,买下好用的桌椅,捐给长兴山里的学校。"厂长汪适和及厂工会主席蒋宏发听后一致同意支持我的这一做法。同时又说,不要你一个人出钱,我们俩也各出一份,表示支援山区学校的心意。

由于物件多,长兴方面说有一辆卡车来装运,我担心装不下,就去找运输公司刘焕浩经理,对他说,有一批桌椅要运到长兴,是捐送给长兴山里学校用的,请他帮忙。刘总一听非常支持,一口答应,派了一辆卡车,请熟悉长兴路线的施福生司机跟我一起先去送一部分桌椅。记得那天,午后出发,送到长兴县天平中学已快傍晚了。学校有几位领导和老师在等着,要留我们吃晚饭,我说:"晚上还有一大卡车需要装运,我们必须马上赶回厂里。"这样,我们谢绝了老师们的挽留,卸下桌椅后马上就返回上海。辛苦了施福生师傅,连续开车近10小时。晚上八九点钟(当时外地卡车限时入城),一辆超长平板大卡车来到厂里,我安排的十几位搬运工人协力将捐送的桌椅装上车,看着装满桌椅的卡车开出工厂,此时我的心里也舒坦了,这些桌椅可以

发挥它们的作用了。几天后,长兴教育部门寄来了收条和感谢信,捐
赠收条显示物品:单人桌 108 只、椅子 84 只、会议双人桌 19 只、会议
双人椅 17 只、写字台 9 只、文具柜 6 只、小黑板 4 块(见图 2-4)。

(a)

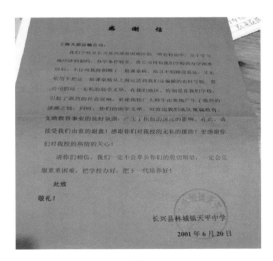

(b)

图 2-4　长兴县教育委员会寄给我的收条及感谢信
(a) 收据　(b) 感谢信

三、职业转型

前 20 年的时间，也不单是买点茶叶，由于个人的性格，爱好结交朋友，我认为买茶叶是一个学习的机会，加上自己喜欢寻根问底的习惯，我从一座茶山到另一座茶山，去了解茶的生长环境及紫笋茶加工过程。在这期间我从茶友中形成了较广泛的人脉，为后 20 年的习茶之路做了铺垫，为我的职业转型打下了基础。

（一）以茶为媒开始新的职业生涯

2000 年，因我工作的企业停产，我和大部分职工一样面临着下岗离厂。上级领导动员我带头下岗，自谋出路，为企业人员分流减轻压力。我原来是企业保健站的医生，兼政工管理工作，下岗后每月的生活费只有 500 元，面对市场经济和生活的压力，需要职业转型。厂运输公司刘焕浩总经理提醒我说：你懂茶叶方面的知识，又熟悉茶叶产地，可以在这方面转型发展的。为支持我，他将运输公司职工劳保用的茶叶直接向我购买。就这样开始，连着十多年，每年春茶上市时，刘总会找我订一些明前紫笋茶。所以说，刘总是第一位指点我走向茶叶经营的指路人。有几位原来一起工作的同事知道后，也纷纷请我为他们单位或公司代购茶叶，以助我增加紫笋茶的销售量。我明白他们是以最好的方式支持和帮助我。有位好朋友从经济上资助帮助我，只是要求我不告诉别人，真是润物无声、施恩不图报的高德，令人动容。十几年来，感恩之心深埋心中，鼓励我前行面对新的形势变化，感恩朋友们在我困难之际伸出了援助之手，也正是他们给我的帮助与支持，推我走上学习经营茶叶的行业。为了回报朋友们对我的信任，我必须更深入全面了解茶叶方面的知识，为能在茶叶行业里生存立足，我参加了上海市职业培训中心的茶叶审评班。学完了初级、中级到高级的茶叶审评师的课程。我全面正规地学习了茶叶的相关知识，比较系统专业地学习审评茶叶，从一个普通喝茶人成长为评茶师。在此，我要特别感谢茶叶学会培训中心的张扬老师、黄立新老师，他俩是我初学茶叶审评班的带教老师，后来还有汪玲平、方振翔老师。以后在高级审评班上课期间，培训中心还请来国内茶界的专家作专题讲课，使我有幸较全面地学习了茶叶、茶文化方面的知识，重新认识了茶叶世界，提升了对茶叶的科学认知，扩大了视野。这为我以后的习茶之路、完成职业的跨越，起到了重要的夯实基础及推动作用（见图2-5）。

（二）步入茶叶评审行业

在培训中心学习茶叶审评的几年里，有专业老师的讲课，还有不少从事茶叶经营的同学，他们会带来各地的茶叶以及他们的实践经验，让我大开眼界。这段日子给我留下许多美好的回忆和学习的收获。那时候我们一个学习小组的七八位同学，经常约在"紫

图2-5　我与张扬老师在上海市茶叶学会茶叶审评教室

笋苑"内喝茶,有紫笋茶,也有各人带来的茶叶,相互品茶,相互交流,在品茶中提高对各类茶的了解。

在 2005 年,普洱茶的行情刚刚升温,那天我请了培训中心黄立新老师一起在"紫笋苑"喝茶,我拿出剩下不多的普洱茶,告诉他,这是 1994 年一位香港的朋友送给我的,也不知此茶算不算好茶,只是觉得很好喝的,所以请大家一起品尝。"黄老师让我们几个同学先仔细看看干茶说:"这真是难得的机缘,此茶是普洱生茶,约有几十年时间了,原来应该是饼茶,是店家开成散茶后卖给客人的,开得真好,是很正规的茶店,才做得这么好。"接着黄老师一边举起公道杯,让我们观察茶汤一边说:"好茶是可遇不可求,大家记住这汤色是透亮的,犹如 XO 红酒一般。"当黄老师知道我的这个茶叶已所剩不多时又对我说:"藏着吧,这种茶现在很稀少了。"

此次生动的小课讲解,让我重新认识了普洱茶。以前一直以为那包茶叶是熟普,黄老师的一番讲解,才知道生茶经多年转化后的茶汤与茶的滋味,更加深了对茶叶世界的探索之心。这促使我继续学习中级、高级审评课,直到在培训中心学完课程后,我们还是师生,当我碰到问题后,包括茶叶经营中的问题,都会向老师请教,老师也会及时解答。这么多年来,我与老师也成了好朋友,这是茶缘带来的福分。在培训中心学习期间,在何月瑛老师指导、推荐下,我参加了上海市茶叶学会,为传播茶文化知识尽一份绵薄之力。

在茶叶学会老师们的带领下,我完成了从医生、国企中层管理人员到习茶之路的跨越,真正进入了茶的行业,也把更多的精力投入在了茶事之中。而贯穿这整个过程的主线是紫笋茶,因为紫笋茶,我爱上了喝茶;因为紫笋茶,我走进了长兴,寻寻觅觅深入紫笋茶的家乡;因为紫笋茶我得到了众多茶友的认可,得到了茶叶学会老师的认可,增加了学茶的动力,从而走向更多的茶山,接触更多的中国茶。

四、深探紫笋茶

脱离了企业的束缚,我有更多时间去长兴,除了完成客户订购的紫笋茶,有了更多的时间走访长兴的一些人文景观,使我更深入地了解长兴的历史文化。长兴的文化景观虽少,却历史悠久,内涵丰富。它吸引我一一去探访,走一些交通不便的山路,徒步走走也非常高兴,收获很大。最多的是走进顾渚山区的许多山岕,探访山中的紫笋茶,进入古茶山后,经观察令我惊叹。这里竟是陆羽《茶经》中所述的茶树生长的环境,《茶经》一之源⋯⋯其地,上者生烂石①,中者生砾壤,下者生黄土⋯⋯野者上,园者次。阳崖阴林,紫者上,绿者次;笋者上,牙者次;叶卷上,叶舒次。

⋯⋯这里的烂石,不是破烂的石头,古文意释是斑斓多姿的意思,站在几个古茶山的山岕里,可见山坡上、溪涧旁分布有大大小小的石块,形态各异,或形如卧牛,或小似玉兔。这些石块经过几千万年的风化,与沙土、山草、树叶等形成的腐殖质混合土壤,为茶树的生长提供了最佳的有机土壤,茶树从石块边或缝隙中顽强地伸出枝丫,撑开一片自己的天地,枝叶茂盛,有的如伞盖一般遮盖着小块的石头;有的依靠巨石,斜伸出枝叶衬托着巨石。茶树以它独有发达的根系,深深地扎入石缝间的山土(见图 2-6)。所以说顾渚山是茶树生长的理想王国,紫笋茶拥有得天独厚的生长环境,成就了紫笋茶独特的优良品质。

经历了千万年的沧桑变化,顾渚山依旧在,茶树依旧在。走在古

---

① 因文献及石刻上均为"烂石"。

（a）

（b）

图2-6　在石缝中顽强生长的野茶树

茶山的石阶小道,山溪边石块小坐歇脚,也许就是当年陆羽走过歇脚的地方。陆羽《茶经》中记载长兴的几个山岕。《茶经》八之出……浙西,以湖州上,湖州长城县(长兴县古时称长城县)顾渚山谷,与峡州,光州同;生山桑,獳狮二坞,白茅山,悬脚岭……《茶经》中提到的山桑,獳狮二坞,现在已由长兴县政府树立石碑,为游人指点出处。在走进顾渚山 20 多年中,更多看到了紫笋茶生长环境,品尝了不同山岕里的紫笋茶,不同的茶香茶味,让我深深体会了一方水土养一方茶的道理。行走茶山小道,有的是石阶小路,有时无路可走,就攀扶竹子、树干翻山而行,站在高处可看到成片茶园,我最爱看的是长在竹林涧边石隙中的野生紫笋茶树,一丛丛或一棵棵的,在自然生态中生长,或高或矮,都让我感到有一种亲切感,仿佛看到了一位世外高人,不受约束羁绊自由自在,享受日月光华,雨露滋润,与山石为伴,林间微风吹过,茶树叶也晃动起枝叶好像欢迎我的到来。蓦然间,我想到:紫笋君! 正是我几十年孜孜不倦追寻的相知良友啊! 脑海里为紫笋茶的形象记下我的感想:披雾承露深山中,高岭叠嶂泉淙淙,阴林烂石育贡茶,紫笋冠于群芳众。

这是我对紫笋茶认知的一个升华,我视它为君子,是我 40 年来锲而不舍追寻紫笋茶的真味,所得到的感受。走入古茶山,仿佛到了它的家,又看到紫笋君。

第二节　紫笋家乡的
千年紫笋文化

一、摩岩石刻记载历史记忆

（一）紫笋贡茶历史遗迹

顾渚山是紫笋茶的家乡，远在一千多年前的大唐时期，在这里修建了皇家贡茶院，也可以说是我国历史上第一家"国企"吧。据记载，当时的役工三万，工匠千余，为的是皇家要喝这里的紫笋茶（见图2-7）。

每年清明节前，湖州的刺史必须亲临顾渚茶区，督造贡茶，并限定在清明节前送达京城，紫笋茶故有"急程茶"之说。在很多的历史文献中都有关于紫笋茶的记载。在学习普及茶文化的教学书中，引用最多的是唐代吴兴刺史张文规作的诗《湖州焙贡新茶》："凤辇寻春半醉归，仙娥进水御帘开，牡丹花笑金钿动，传奏吴兴紫笋来；"唐代著名诗人白居易的诗《夜闻贾常州崔湖州茶山境会想羡欢宴因此寄诗》："遥闻境会茶山宴，珠翠歌钟俱绕身，盘下中分

图 2-7　长兴县大唐贡茶院

两州界,灯前合作一家春,青娥递舞应争妙,紫笋齐尝各斗新,自叹
花时北窗下,蒲黄酒对病眠人。"

　　很多史书记载了文人墨客对紫笋茶的吟诗夸赞,流传千年唐
时的茶文化也因许多的诗人、书法家的推崇兴旺起来,至今在顾渚
山区尚存多处唐宋时期的摩崖石刻,这些都是顾渚山的瑰宝,十分
珍贵。时隔一千多年,山石还在,虽受风蚀雨侵,但许多字迹还是
清晰可见,它们记录了唐时多位刺史,为了贡茶亲临茶山的日期,
历史文物价值极高,其中面积大、字数多的要数金山村白羊山的石
刻了。2008 年前我与上海市茶叶学会的几位老师、茶友一起登山
拜读崖壁上的石刻(见图 2-8)。那时候还没有什么保护措施。最

图 2-8 　长兴县水口乡金山村白羊山唐代摩崖石刻，
距今已有 1200 多年

近陪茶友们又去了几次，政府已对石刻作了保护，搭建了高大的遮
雨棚，对渗水的山岩缝隙作了防水充填，字迹较十多年前更为模糊
了一些，但还能看出一些字。看看这些古人留下的石刻，能保留至
今也不容易。根据从前的照片和一些资料中的记载，石刻是公元
784 年湖州刺史袁高的题字，内容是："大唐州刺史臣袁高奉诏修茶
贡讫至□山，最高堂赋茶山诗，兴元甲子岁三春十月。"其下方一点
有小字，是唐湖州刺史后任宰相的于頔题字。右下方小一点字是
晚唐(850 年)任湖州刺史杜牧的题字。这些弥足珍贵的文物石刻，
记载了一千多年前有关紫笋茶的茶事活动，面对这古老苍劲工整

规矩有力的汉隶,斑驳的岩石,因年代久远,有的字已看不清了。我无法想象,古人为何在山崖上留下工作日志?是对公事的认真以刻石为证吗?他们也许不会想到一千多年后,会有人站在他们曾经站过的地方,在追思千年前修贡茶的活动。

崖壁上镌刻的文字,字数虽然不多,却是充满了久远的信息,是唐代贡茶的历史记录。它默默地历经千年的沧桑,见证着时代的变迁。从三位刺史留下题名石刻年代中,可串联起那段历史中紫笋茶在当时的地位。

从刻在山崖壁上的三组文字中,以年月时间为记,表示当时的地方长官为修贡茶,奉旨亲临茶山。从《全唐诗》中找到袁高的《茶山诗》和杜牧的《题茶山》,对照刻石时间,这样就较全面还原了当时袁高、杜牧,在刻石为证的同时留下对修贡茶、督造紫笋贡茶的记叙,为后人了解顾渚紫笋贡茶的历史,留下了珍贵的文献考证资料。

袁高是公元 784 年任湖州刺史,"奉诏修贡茶",并赋《茶山诗》:

禹贡通远俗,所图在安人。

后王失其本,职吏不敢陈。

亦有奸佞者,因兹欲求伸。

动损千金费,日使万姓贫。

我来顾渚源,得与茶事亲。

忙辍耕农未，采采实苦辛。

一夫且当役，阖室皆同臻①。

扪葛上欹壁，蓬头入荒榛②。

终朝不盈掬，手足皆皴鳞。

悲嗟遍空山，草木皆不春。

阴岭芽未吐，使者牒已频。

心争造化力，先走蜓鹿均③。

选纳无昼夜，捣声昏继晨④。

众工何枯槁，俯仰弥伤神。

皇帝尚巡狩，东郊路多堙。

周回达天涯，所献愈艰勤。

况兼兵革困，量兹固疲民。

未知供御馀，谁合分此珍。

顾省忝郡守，又惭复因循。

茫茫沧海间，丹愤何由申。

注：此诗所载以《长兴县志》中所记载为范本。

袁高在诗中记录了他"我来顾渚源，得与茶事亲"的过程。文

---

① 一人当役工，全家都要到达。
② 手拉着葛藤，攀斜坡陡壁，荒草荆棘勾乱头发，使蓬头散发。
③ 为了早点完成役工任务，像麋鹿一样冒险走在山路之间。
④ 采摘的茶叶不分白天黑夜进行筛选，捣茶叶的声音也从早响到晚。

中表达他同情茶农"采采实苦辛"的恻隐之心,也揭露了"亦有奸佞者"的不良官员。这是一篇珍贵的紫笋贡茶的历史写照,内容丰富,可细细拜读。

第二位是于頔(di),公元792年在袁高题字的下方,刻上题名,由于摩崖石刻的风化受损,有些字迹已模糊,查找历史资料,从《长兴县地名志》查到有较早的记录,于頔的题字内容是:

使持节湖州诸军事刺史臣于頔遵奉诏名诣顾渚山茶
院修贡毕登西顾山最高堂汲岩泉○○茶○观前刺史袁公
留题○刻茶山诗于石大唐贞元八年岁在壬申春三月

于頔未作对贡茶的表述,没有留下修贡茶的诗文,但是在那一年,他在浙江与江苏交界的啄木岭上建造了一座"境会亭",为湖州、常州两界的刺史,在督造贡茶时,相会啄木岭境会亭,品茶议事。也就有了诗人白居易写下的《夜闻贾常州崔湖州茶山境会亭欢宴诗》。境会亭也闻名遐迩,成了紫笋茶文化活动中茶人向往之盛地。

第三位刻石题名是诗人杜牧。在公元851年,杜牧携全家到顾渚山督造贡茶时作的一首诗《题茶山》:

山实东南秀,茶称瑞草魁。

剖符虽俗吏,修贡亦仙才。

溪尽停蛮棹，旗张卓翠苔。

柳村穿窈窕，松涧渡喧豗（读：hui，意：轰响声）。

等级云峰峻，宽平洞府开。

拂天闻笑语，特地见楼台。

泉嫩黄金涌，芽香紫璧裁。

拜章期沃日，轻骑疾奔雷。

舞袖岚侵涧，歌声谷答回。

磬音藏叶鸟，雪艳点潭梅。

好是全家到，兼为奉诏来。

树阴香作障，花径落成堆。

景物残三月，登临怆一杯。

重游难自克，俯首入尘埃。

　　杜牧写道："……好是全家到，兼为奉诏来。"写了到顾渚山的一路风景，及与贡茶相关的内容，诗中"……拜章期沃日，轻骑疾奔雷。"应该是指把贡茶快马轻骑在清明节前须送到京城的"急程茶"了。

　　杜牧是唐代著名的诗人，有许多佳作名句，脍炙人口，但看到他写茶事的诗不多，杜牧的《题茶山》，是他时任湖州刺史携全家奉诏到顾渚山修贡茶时所写，同时他在督造贡茶期间还写有几首与茶相关的诗，都可以在《杜牧全集》中查到。在此抄录三首。

《茶山下作》

(851 年春)

春风最窈窕,日晚柳村西。

娇云光占岫,健水鸣分溪。

燎岩野花远,戛瑟幽鸟啼。

把酒坐芳草,亦有佳人携。

《入茶山下题水口草市绝句》

(851 年暮春)

倚溪侵岭多高树,夸酒书旗有小楼。

惊起鸳鸯岂无恨,一双飞去却回头。

《春日茶山病不饮酒因呈宾客》

(851 年春)

笙歌登画船,十日清明前。

山秀白云腻,溪光红粉鲜。

欲开未开花,半阴半晴天。

谁知病太守[1],犹得作茶仙。

---

[1] 太守,作者自指,一般来说,州的行政长官,称刺史,郡的行政长官称太守。州和郡是同一级的行政部门。《唐为要》"武德元年六月,改郡为州,置刺史;天宝元年正月,改州为郡,改刺史为太守;至德二年十二月,又改郡为州,太守为刺史。"所以唐代的州名都有一个相应的郡名。杜牧当时是湖州的刺史,湖州又名吴兴郡,故杜牧也可称吴兴太守(摘自杜牧全集注脚)。

以上三首诗，都是杜牧在任湖州刺史（851春季）所写，851年秋，杜牧升任考功郎中，知制诰，赴长安任职。诗人在顾渚山修贡，登临茶山，描写了春日茶山的优美风光，督造贡茶时的场景，也是修贡茶文化的珍贵诗文。

这一组时隔久远的唐代石刻，又是三人在不同年代留下题名，其意义深远，世存罕见，加上几首茶山诗，成为研究、探寻紫笋茶文化的珍贵资料之一。

自紫笋茶被列为贡茶后，皇帝下诏湖州、常州的刺史必须到茶区督造贡茶，紫笋茶的故乡也迎来更多的文人、名人，为紫笋茶写下了千古流传的名诗佳句，曾经任湖州刺史的有颜真卿、袁高、于頔、张文规、杜牧等。为督造紫笋贡茶，他们来到顾渚山，与社会上的文人墨客吟诗、书写、刻石为证，也为后人留下了最珍贵的考证文物，这是长兴顾渚山区的宝贝。一千多年前留下摩崖石刻，以它独有的传统方式，诉说紫笋茶在唐代茶文化繁荣时期的重要地位及深厚的文化底蕴。溯源历史记载，从唐史的文字、诗句中，有很多提到紫笋茶的。这不是杜撰编写，而是有史为证的。从陆羽将此茶推荐给皇帝，紫笋茶被列为贡茶以来，自唐、宋、元、明四个朝代都会要长兴进贡紫笋茶，从唐代诗人所作的诗句中提到紫笋茶看，应该是名气很大的好茶，但在近现代却鲜为人知，后来居前的龙井、碧螺春等名声大振，几乎是家喻户晓。难怪我最初喝紫笋茶时同事们都觉得此茶没名气。为此，我经多方询问请教，查找史书资料，终于找到了原因。

（二）紫笋贡茶的历史断层之谜[①]

　　紫笋茶在唐代被列为第二贡茶，是由茶圣陆羽在产地亲自栽种考察，经品尝后，确认此茶芳香甘醇、味浓，品质冠于其他茶，遂推荐给皇上。于是从唐大历五年(770 年)起，紫笋茶被正式列为贡茶。自此唐、宋、元、明四朝皇室都将紫笋茶列为贡茶。历史记载

图 2-9　《上海茶业》期刊 2006 年第 4 期

---

　　① 　此文发表于《上海茶业》2006 年第 4 期第 39 页。

可考的从公元 770 年始至 1620 年止，连续进贡达 850 年。

我喜欢茶，以前常选购各地名茶一一品味，在 20 世纪 70 年代，有缘喝过此茶，即被其独特品质所吸引，由此专爱此茶。20 多年来，春茶一出，必到产地选购当年之需，妥善保管，到过春节时，仍似新茶一般。此茶冲泡后汤色清澈、清香奇特，似兰香怡人、幽长持久，饮后齿颊留香；滋味甘爽回甜，耐冲泡更是其特点。当注入沸水，翠芽在杯底慢慢舒展，时而上下浮动，如朵朵兰花飘逸，看芽尖微弯，又似破土而出的春笋，令人心旷神怡，极具观赏价值。

如此好茶，不应独享。于是，常向茶友们介绍此茶。多年来，不少茶友也逐渐接受并爱上喝紫笋茶。但常有人询之：这茶很好，香气、滋味都好，也耐冲泡，但为什么这茶的知名度不高，不像龙井、碧螺春名气很响？我也被问住了，但也促使我产生了追寻明王朝后的三百年里，清皇宫为何不纳用此茶的原因。使紫笋茶沉默了三百多年，造成这历史断层的谜底何在？近年来，晚报上每年春茶上市时，都有介绍紫笋茶的文章，我也仔细看过，大多是介绍唐代有关紫笋茶的史记，至于紫笋茶怎样从贡茶中悄然消退三百多年的原因未能提及。

为此，我常在产地茶场东寻西问，以求答案，多年未果。去年的春茶上市之际，在当地茶友的帮助下，从县志记载中发现一条线索，使我疑团顿解。史载顺治三年春（1646 年）长兴知县刘天运因"山寇未靖，茶地榛芜"，呈报浙闽总督张纯仁，紫笋茶"豁役免解"，查阅清朝的历史，1636 年清皇太极在盛京（今沈阳）立国号为大清起,至 1644 年 9 月顺治帝从沈阳迁都燕京(今北京),大清皇朝派兵南下,到 1646 年浙江全境方被清军占领,其十年间,战事频繁,由此可以推测,因为战争,茶地荒芜。清军又刚占领江南,反清战事时有发生,清政府为求时局稳定,安抚民心,对当地知县的报呈"豁役免解",以示清政府体恤民情;另一原因,清廷大员大多是满族人,饮食以牛、羊肉为多,他们常喝的是以茶砖烧制的奶茶,对绿茶并不太感兴趣。权衡之下当以稳定江山为重。至于以后康熙、乾隆下江南,就有了关于碧螺春,御品龙井的传说故事,那是后话。

上述长兴知县的这一报呈,使清皇室失去了品尝紫笋茶的机缘,也从此使紫笋茶沉没了三百多年。直到 20 世纪 70 年代。长兴的茶农在政府组织支持下,恢复了紫笋茶的生产,并发展了有机紫笋茶,使千年的历史名茶重上了茶桌,这是长兴茶农为中国茶文化所做的贡献,也为紫笋贡茶的持续发展增添了新的活力。我相信,紫笋茶会以它独有的千年贡茶传统文化内涵和优良品质重放异彩,香飘四海。

二、让紫笋贡茶香再续

(一)分享千年贡茶

在历史的长河中,三百年的时间似乎并不算长,但一个物件,一样东西,尤其是茶叶,常说中国人开门七件事,柴、米、油、盐、酱、醋、茶。这其中的茶,在人们的日常生活中是必不可少的。紫笋茶在断层这么长时间后,必然会被淡忘,逐渐从生活中消失,取而代之的新品茶种,必然会站上名茶的位置,走进人们的生活,并延续占据着。紫笋茶也只能成为历史记载中的名茶了。

十年前我去拜访北京马连道茶城的老板、北京专职的茶艺老师及几位茶界的老师、茶友,品尝到我带去的紫笋茶后,感到十分惊喜说:紫笋茶只是在书上看到过,还真没有喝过。并对紫笋茶的品质给了很高的评价,北京的一位茶叶老板高兴地说:"这就是我们大山里的一种气息,小时候上山采茶时,闻到的自然的茶香。"

在我往返顾渚山区的后十几年里,接触紫笋茶的机会多,积累的相关茶文化和茶叶品种的知识也多了,每当春茶上市,我的茶室里会有慕名而来的茶友,更多的茶友是茶叶学会的老师们推荐而来。因为这十几年中社会上对茶文化的学习、对品茶的需求相对升温,在学习茶艺、茶文化的课中,必定会讲到唐代茶圣陆羽和他的《茶经》,也必定会提到唐代贡茶——顾渚紫笋茶。但上海茶市场里几乎没有紫笋茶,于是,就有这样一说:"要喝好的紫笋茶,天山路陈老师那里有。"这是老师们对我几十年来钻研紫笋茶的评价和肯定,感动之余,我也更投入宣传介绍紫笋茶的活动,把在茶叶学会中学到的茶与茶文化的知识,多次为社区里弄居民们义务讲课,还现场冲泡几个品种的紫笋茶给在座的居民们品尝(见图2-10)。我给他们讲茶的文化,品尝好的紫笋茶,宣传喝茶有益于健康。我还多次应茶友日本同学佐藤良子老师邀请,到上海东和旅行社的文化教室、浦东东樱花园和上海花园广场为日本的学生们专题讲解紫笋茶。在两个小时的课程中,我准备了几款紫笋茶,有茶园大面积栽培的茶,有野山的紫笋茶,以及有机紫笋茶等。课堂上介绍紫笋茶的自然生长环境,为发掘重现唐代历史茶文化和积极宣传紫笋茶。这些日本学生都非常认真、仔细做记录,她们会把每一个品种的紫笋茶的叶子粘贴在笔记本上。佐藤良子告诉我,这些学生也爱喝紫笋茶,而且在日本出版的《中国茶图鉴》里也有紫笋茶的介绍。

图 2-10　在静安区文化中心介绍顾渚紫笋茶

从 2005 年起,我把收集到的与紫笋茶相关的一些茶文化、品种栽培、加工等一一收录下来,并萌生写一本有关紫笋茶的书,旨在让更多的人知道了解紫笋茶。

（二）王者之香话紫笋①

茶为国饮，茶海浩瀚。我国地广物博，茶的品种非常丰富，加上各地区人民的饮茶习俗不同，以及各地对茶叶的加工方法也不同。从而有了上千品种的茶。在众多的名茶中，唐代贡茶——顾渚紫笋，是冠于其他茶的珍品，成为茶海中一颗璀璨的明珠。我与紫笋茶结缘三十多年，对它情有独钟，就是被其茶香、茶味吸引，为此而折服。

"顾渚紫笋"产于浙江省长兴县的顾渚山麓，顾渚山地处天目山余脉，东面临近碧波万顷的太湖，茶山的自然生态环境好，植物覆盖率高，有高大的树木，成片的竹林，为茶树遮挡直射的阳光，海拔不高，但丘陵叠嶂，形成特有的山岕、山坳。山土肥沃，有天然的植物落叶，野草腐殖层。西面天目山高峰挡住了太湖水系飘来的水汽，在顾渚山区形成了云雾，使空气湿润，降雨量充沛，温度适宜。这样的山地气候条件成为茶树优良的生长环境。唐代茶圣陆羽为撰写《茶经》，跋山涉水来这里的茶山考察。他对这里茶的品质、生长环境等，进行深入细致的了解考察后，将总结记入了《茶经》。在书中写到的一些地方，至今还在，茶树依然生机盎然，陆羽到过的方坞山，

---

① 2008年应北京《名厨》期刊编辑部之约，笔者写了题为《王者之香话紫笋》的文章，向读者介绍了紫笋茶的生长环境、茶名的由来及茶的品质等。编辑部还专门来上海的"紫笋苑"采访。

近年竖立了石碑,告诉人们这里就是古茶山,沿着小路上山,可以看到陆羽描写的茶山和茶树生长的环境(见图 2-11,图 2-12)。

图 2-11　叙坞岕古茶山一角

图 2-12　紫笋茶——紫者上

紫笋茶的茶名出自《茶经》中陆羽论述茶的品质优劣标准,陆羽认为:……野者上。紫者上,笋者上,叶卷上……取其中的紫和笋二字,即紫笋茶。陆羽在顾渚山区考察后,认为紫笋茶品质优于其他地方的茶,可以推荐给皇上,从此,紫笋茶就成为唐代的贡茶。以后历经宋、元、明朝代,前后约800多年。明末清初之时,因战事纷乱,致使茶地荒芜,紫笋茶叶逐渐消退茶桌。

20世纪70年代,长兴县政府组织茶农和科研人员,恢复了紫笋茶的生产,使沉没了三百多年的唐代贡茶重上茶桌,千年的古茶又飘茶香。这是茶人的福音,也是长兴政府和茶农的功德。

紫笋茶的采制时间一般在清明节前就开始了。此时茶树萌发的新芽嫩小,采摘的标准为一芽一叶或一芽一叶初展。特级紫笋茶干茶的外形:条索紧结略扁,细嫩完整,色泽绿润隐翠,白毫微显。冲泡后,茶芽舒展如兰花,沉入杯底的茶芽匀齐竖立时,可看到茶芽微微弯曲,犹如刚出土的冬笋。茶香馥郁持久,其香气清馨如兰,也有人说此茶的香气似竹叶竹笋的清香,也有说是一种山野森林的气息。总之,茶香独特持久,特别之处还在于茶香溶入水中,喝上一口茶,即会有齿颊留香的感觉。

紫笋茶的另一个特点是茶汤清澈透明,淡淡的嫩绿色,赏心悦目。茶汤滋味甘醇鲜爽,入口润滑,回味甘甜。而且此茶的茶多酚,氨基酸含量高,所以茶汤会有鲜味也较耐冲泡一些。饮过上等紫笋茶的人,往往会记得那独特的清香,甜甜的回甘,会饮之不忘的。

清明将至,又到新茶上市时,我独爱紫笋,有好茶不能一人享用。我对朋友们推荐此茶,共品佳茗,也一大乐趣也。

三、紫笋贡茶初定时间质疑

　　紫笋茶在唐朝被列为进贡的最早时间,一些宣传资料,或长兴市场上紫笋茶的礼盒包装上大都是写公元 770 年。因此,我写的两篇关于紫笋茶文章提到的紫笋茶进贡的时间也是从唐代 770 年起,到清朝 1646 年,因战事影响而"豁免进贡"而止。但这个时间段是否有确切的记载或史料为证呢? 为解心中的这一疑惑,我花钱买了全套《新唐书》,还跑到长兴档案馆,查阅《长兴县志》,想在这些史籍中寻找到紫笋茶进贡的有关资料。

(一)《长兴县志》的记载

　　关于顾渚紫笋是长兴地区贡茶,我认为在其县志中一定有相关的记载。于是我再次来到长兴县档案馆。长兴档案馆的工作人员听说我是为了考证紫笋茶进贡时间的,非常热情地接待了我,还为我提供了很多帮助。例如,拿出不同年代版本的《长兴县志》,还免费帮忙复印我需要的资料等,很是令我感动。我在档案馆分别查阅到有三本不同年代的《县志》中有关于紫笋茶进贡的记载。其中清代嘉庆年的《长兴县志》中有较多的与紫笋茶有关的重要章节(见图 2-13)。这着实让我兴奋不已,觉得收获太大了。 为了进行深入的研究,我请档案馆工作人员帮忙复印了一部分资料,陪同我一起到档案馆的李光来也用相机拍了一部分资料,我将这些资料像宝贝一样带回上海。

(a)

(b)

图 2-13　长兴县志
(a) 清·同治卷　(b) 清·嘉庆卷

回到上海,我花很多时间,将县志中关于紫笋茶进贡的有关资料逐字逐句阅读,细细思考理解,功夫不负有心人,终于在其中看到了紫笋茶进贡的年代了。在清《长兴县志》有这样几句记载:

清《长兴县志》记载:"……旧篇云:顾渚与宜兴接境,唐代宗时,从宜兴岁贡数多,命长兴均贡。贞元五年,岁限清明到京,谓之'急程茶'。张文规云:'牡丹花笑金钿动,传奏吴兴紫笋来。'李郢(ying)云:'一月王程路四千,到时须及清明宴。'"

这段话我的理解是:顾渚与宜兴接壤,是浙江与宜兴的交会处,属山地丘陵,也有海拔较高的山岭,成为两省的界岭,如悬脚岭。

这一段话还说出了"急程茶"的出处,并选用张文规、李郢二人的诗句,证明急程茶的产生,是朝廷限令紫笋茶必须在清明前送到长安京城,就如千里送荔枝到长安一样,"轻骑疾奔雷"这是当年杜牧诗中的一句,我想大概是指送急程茶到京城的轻骑快马吧。

顾渚与宜兴接壤,这里山区盛产毛竹、茶叶,至今仍是两省的产茶区,陆羽当年在顾渚置茶园考察茶事,走遍附近的茶山,在茫茫山林间找茶树采茶叶,正如袁高诗中所描写的那样,茶农上山采茶:"扪葛上欹壁,蓬头入荒榛。"可以想象,当年陆羽在山中扶着野葛山藤,攀上斜坡陡壁,往返两界的茶山,翻山越岭,这其中艰辛劳累是可想而知的。所以陆羽在《茶经》中的"白茅山、悬脚岭、啄木岭等地"正是在这一带。有一次陆羽会见常州太守李栖筠时,恰逢有人献上紫笋茶,陆羽品尝后,对李太守说:"此茶品质冠于他境,可以荐于上(皇帝)。"于是顾渚的紫笋茶与宜兴茶一起作为贡茶送至京城,记载的年号是唐代宗时,对照年号应该是公元762—763年,早于770年。

在清《长兴县志》中还有这样一段记载:

> 唐中叶以来,顾渚茶岁造万八千斤,谓之贡焙,大历五年,始有进奉之名。

这就是说,在大历五年(770年)正式有了进奉之名,被列入贡茶了。同时,在顾渚茶山建造贡茶院,成为我国历史上首个皇家贡茶院。每年造茶期间,役工三万,累月才能结束。而且,在此期间,湖州、常州的刺史(太守)必须亲临茶山督造贡茶,也就有了境会亭,产生了许多有关紫笋茶的故事和诗文,顾渚山俨然成了紫笋茶文化的圣地,顾渚紫笋自然闻名遐迩、流芳天下了。

从清代县志的资料中记载的内容来看,现在很多介绍紫笋茶的文章,大都是以这个记载为依据的。

(二)《新唐书》的记载

《新唐书》四十一卷志第三十一地理中有这样一段文字:

常州晋陵郡，望本毗陵郡，天宝元年更名，土贡：绅、绢、布、纻、红紫绵巾、紫纱、兔褐、皂布、大小香秔、龙凤蒂、紫笋茶、暑预。

……

湖州吴兴郡，上，武德四年，从吴郡之乌程县置，土贡：御服、乌眼绫、折皂布、绵绅、布、纻、糯米、黄檀、紫笋茶、木瓜、杭子、乳柑、金沙泉。

……

顾山有茶，以供贡。

……

从土贡的物品名单上看土产颇为丰富多样，在常州和湖州的土贡品中都有紫笋茶，湖州还有金沙泉，并特地加写："顾山有茶，以供贡。"

《新唐书》中的这段内容，在记录湖州的一段前面写有年号，是"武德四年"。经查对，武德四年正是唐初李渊皇帝的年号（武德618—626年），武德四年即622年，按"武德四年"算起的话，紫笋茶进贡的年代应始于622年，比770年早148年，也就是说顾渚山紫笋茶的供奉史距今已有一千多年。

在网上以"紫笋茶"搜索，有一篇文章是这样写的："紫笋茶被列为贡品始于唐朝广德年间（763—764年），据《新唐书》等史料记载，唐代贡茶分布较广，包括五道十七州部，而顾渚紫笋茶最为著名,乃贵为贡茶之上品。"(资料来源:长兴紫笋茶 https://baike. so. com/doc/6814999-7032010. html,2020-12-1)

紫笋茶到底何时被列为贡茶的确切时间,是 763 年,还是更早的 622 年,我不是历史学家,而且查找的资料也有限,因此只有靠专门的学者研究来解开答案了。

四、探访古茶山——顾渚山

顾渚山是紫笋茶的家乡,那里层层青山翠竹,涧溪流水潺潺,丛丛茶树,生机盎然。茶圣陆羽当年在这里置茶园、考茶事、著《茶经》。他认为,顾渚山上的紫笋茶生长于阳崖阴林,紫者上,绿者次,笋者上,芽者次。为了更进一步掌握紫笋茶的品质,我感到应当向当地的茶农学习了解紫笋茶的生长环境,以及采摘加工工艺等。因为他们祖辈生活、劳作在这片大山,他们熟悉顾渚山里的一沟一壑,只有他们才能带我走进紫笋茶的王国,才能解我心中之不惑,才能让我更加了解紫笋茶。

(一)顾渚山中我的居所

早在 2003 年之前由许建军先生引荐,我结识了顾渚山里的种植户小方。他承包了几十亩山地,自己开荒种了桃树、茶树等。记得第一次去他基地时,刚好桃花盛开的时节,满眼的桃花盖满了半个山坡,十分美丽。简陋的小屋,衬在山里构成一幅山里人家的世外桃源之景。听说我是为紫笋茶而来,他热情地欢迎我在采茶的时节再来山里看看。就这样小方的小屋也成了我来长兴收茶时的住所。小屋实在旧了,要翻新重建。经小方同意,他在建新屋时,专门为我造了一个房间。进山时,我可住自己的房间休息,方便看他们加工茶叶,也可多了解山里的特产百合、鲜笋等情况。每年春笋上市时,会有许多朋友跟我一起来山里尝笋烧咸肉。十多年了,就像自家人一样。上海的许多朋友,也都熟悉小方,成了朋友。在小屋后,有一片很好的山地,种了猕猴桃、茶树等。有一年,黄金芽茶刚刚走上市场,芽叶金黄、汤色清亮,感观效果很好,价格也很高。我与小方商议后,我到茶场买来 300 棵黄金茶苗,栽在屋后坡地上,不巧的是,茶苗栽下后,恰逢大旱,又是持续高温天气无降雨,致使茶苗大都枯死,所剩不多,几年下来,亦可采摘,也算是一个小小的试验吧。此山地土质很好,据说是含硒元素高,所以这些黄金茶也特别鲜爽,也许是茶叶中的硒含量高的缘故吧(见图 2-14)。

小方在空闲的时候会带我去山上的茶场看成片的茶林,到山涧溪边去看野生的紫笋茶树,给我讲解野生状态下的紫笋茶和茶园种载的茶有何不同之处。那时候交通不太方便,我没有车,所以每次进山购茶我就住在小方在山里的那个小房子里。到了晚上可以看茶农们炒茶叶,看他们如何将新鲜的紫笋茶叶加工成可以泡茶的紫笋干茶。

晚风拂面,摊晾的鲜茶叶,微微散发出特有的清香;茶农的手

图 2-14　黄金茶

在炒锅中不停地翻弄着,时时散发出浓郁的茶香,这一切对于我这个来自上海门外汉是那么的新奇。手工炒几斤茶,要花上很长时间,尤其是传统的紫笋茶在加工过程中还要采用炭火将茶叶烘干,很费时间。我在一旁时而举起相机拍拍照片,记录下炒茶的场景;时而跟他们聊上几句,以解心中的不惑,看累了就回小屋睡觉。在山里,我亲眼目睹和体验到茶农们在采茶季的辛劳。茶农们在采茶季,都是上午上山采茶,下午回来,将采摘的茶叶摊晾;晚饭后,开始炒茶烘茶,其中花费的人工劳力是很大的。现在大多的茶场和茶农都用专门的机械设备代替人工炒茶,因为人工炒茶太累,能省力的事肯定要省力去做了。

(二)狮坞岕

十多年了,在顾渚山的日子里,小方尊我为兄长,我身在异乡不觉得孤单冷寂。只感觉留住的时间太短。顾渚山很大,又有这么多的古茶山遗址,吸引我一次次地进山,寻访紫笋茶,记录下紫笋茶。小方人缘好,待人真诚。他有几位好友,如结义兄弟一般。他介绍我认识王祥红,王祥红是经营一家农家乐的老板,也非常热情好客。我第一次上狮坞岕茶山,去了解野生紫笋茶的情况,就是他俩陪我上山。狮坞岕在长兴顾渚山区,海拔相对高一些,山岕更纵深,山上植被繁茂,大量的野生紫笋茶树分散在竹林山涧乱石旁,这里就是陆羽在茶经中提到的獳狮坞,正是"上者生烂石"的环境。

王祥红对紫笋茶叶颇多了解,还能讲出一些与紫笋茶不同的品种及野生茶为什么长在石头边的原因。他说:每年茶树结籽后,一些小动物如小松鼠、田鼠等会将茶籽藏在石缝中,作为冬天过冬的储备食物,但是往往是忘的多,到了来年春天,一些茶籽就发芽、生根,长成小茶树了。这就是野生茶树生长的一个原因。还有的是风吹落的茶籽,滚落在山坡低处竹林、山涧边的石缝里,山涧附近有水分,茶籽很快发芽长成树。是啊,谁会把茶树栽在大石缝里呢?这石头挖都挖不动,怎么种茶树,这些都是天然生成的野生茶树,联想大家去黄山游览所见的奇松(黄山松),也都是生长在岩石裂缝里,从裂缝里汲取养分,你就很容易理解了。只有他们才熟悉这山、这水、这茶树。记得是 2008 年春,谷雨前一两天,与王祥红约好他带我去石坞岕(也称漫石坞),王祥红告诉我,山上有他哥哥的茶山,正是采茶的季节;山上也有野山茶。我一听就精神十足,正好要去看看。

那天下午,王祥红开摩托车带我到山脚下,停好车,开始上山,这样可以省去一段步行的山路,因是自然状态的山峦,没有路,随着山势的高度升高,斜坡也越来越陡,山上的泥土非常松软,一脚踩下去,脚陷下去三四寸,这样用不上力,有点累。上山的路确实不太好走,王祥红找来一根树枝,让我当拐杖撑。指点我走之字形,沿斜着的路线上山,到了山顶,确实有一种登大山的感觉。常说山高人为峰,站在山顶上,头顶蓝天,极目远眺,西北方向可看到远山重重,东面则是以平原的田园风光为主了,俯瞰山下,从长兴城里到水口顾渚山的一条公路,如一条弯弯曲曲的带子,汽车像玩具小车,在带子上移动。远处的房舍如积木般,散布在绿色的海洋中。

王祥红指着东北方向,突兀在平原上的几个山峰说:"那几个山峰仔细看它的组合,两边的山峰和中间一个低点的山峰,形成一个元宝。"经王祥红一说,那山峰还真像个元宝端坐在那块平原上,周围可看得见一些房屋,隐约在树丛中。王祥红又说:因这山峰像个元宝,所以那个村就叫"金山村"了。

王祥红他哥哥正在山上采茶,山上是他哥家的茶地,种了成片的紫笋茶,正忙着采摘新茶,如耽误时辰就错过季节了。我在山上稍作休息,王祥红指着一些石边、石缝中的野山茶树,给我介绍其不同之处。原来野山茶是当地本土的群体种,也是属于鸠坑种,这类品种的茶在江苏、浙江、安徽的茶山里都有广泛分布,只是地区不同,气候不同,水土不同,使茶味有不同的香气,但仔细品味,也有相同类似的口感和香气。顾渚山良好的自然生态环境,为紫笋茶生长提供了优越的条件。但也有受小环境限制的情况。王祥红带我到一棵大树前,树下有一二块巨石,石边也有棵茶树,齐胸口高,蓬径一人抱不过来。这棵茶树叶子的颜色,与不远处的其他茶树相比,明显灰黄,叶瘦,茶芽叶也细。王祥红说,因这棵茶树被那棵大树遮挡了阳光和雨露,终年晒不到太阳,因此生长受到限制,就像生病一样,这样的茶叶不能采,吃了会生病。

这一段话,使我想到陆羽《茶经》中的论述:

其地……阴山坡谷者,不堪采掇,性凝滞,结瘕疾。

陆羽经考察认为:生长在背阴的山坡或山谷中的茶树,不值得采摘,其性凝滞,饮这样的茶,会使人得病。"瘕"在中医是指腹中有病。看着那棵不知名的大树,枝茂如伞,压抑着那棵茶树,王祥红这简单的道理,与《茶经》所述相吻合,这真是山里人有山里人的经验。也曾听人说:茶在阴山背后的好,看来这个说法不一定对呢。对于野山茶的品种变化,王祥红也带我去看了,整株茶树与另一株茶树会有色泽差异的情况,他认为是茶树自身的变异,就像白茶、黄叶茶都是自然变化的原因。假如人工再作重点栽培就会成为新品种的茶树。

这些浅显易懂的道理,只有亲眼看到,才能提高对紫笋茶的认知。通过对紫笋茶的家乡深入了解,多看多听多记录,才逐渐汇集起紫笋茶的整体形象。这也是我后 20 多年中最大的收获。

时隔不久,王祥红又骑摩托车带我去他家的茶山——原旧岕古茶山，去山里看那里的古茶树。悬臼岕（别名原旧岕），古称明月峡，位于水口西北8公里，东起龙头山上，西北至啄木岭，长达4公里，为古时紫笋茶产区之一。

据《长兴县志》载："悬臼岕在县北四十里，顾渚山达宜兴。"悬臼岕自悬臼岭起，沿顾渚山北麓向东南延伸，两侧峰峦叠嶂，翠竹丛生，溪水潺潺，为顾渚山风景区之一，中有霸王潭，巨人足迹，唐湖州刺史杨汉公，宋龙图阁直学士汪藻等石刻多处。"《长兴县志》有："明月峡茶生期间，尤为绝品。"湖州刺史张文规也曾赋诗："清风楼下草初出，明月峡中茶始生。"

王祥红的摩托车开过霸王潭，一路向北，到他家的那片山地，山坡上毛竹参天，竹林间山土松软，此处的野山茶的生长环境，与叙坞岕、獳狮岕、石坞岕等大致相同，这里真是紫笋茶的家乡。一千多年前，唐代贡茶产于此地，茶圣陆羽走遍了这里的茶山、峡谷、山岕，以他专业敏锐的眼光，把紫笋茶推荐给皇帝，使紫笋茶成名于世，陆羽把这片茶山茶树写进了《茶经》。我发现时隔一千多年后，这里的茶山依然保持着《茶经》中记载的几个古茶山当年的模样。走在当年茶圣走过的茶山小道上，仿佛跨越时空，回到了唐代（见图2-15）。

面对起伏延绵的群山，静心聆听涧水从石间流过的低声吟唱，伴着山风轻舞的翠竹发出沙沙声响，远处林间传来几声悦耳的鸟鸣，成为林中的最高音，组成一曲美妙的山林之歌。唯有那紫笋茶茶树默默地倚靠着山石，轻摇枝叶，不争不显，衬绿着群山，用它深

（a）

（b）

图 2 - 15　石坞岕

（a）古茶山　（b）陆羽置茶园处

扎于大山的根系,吮吸着好山好水的精华,舒展的每张叶片,呼吸着山间竹林湿润清新的空气,捕捉着空气中的各种花香、竹香、山野的气息,并将其贮存,待到来年春风吹拂,萌发的茶树新芽就是奉献给人类最好的礼物。

此时,不管你在什么地方,打开远方寄来的顾渚紫笋,沏上一壶。茶叶在沸水的作用下释放出贮存在茶叶中的生物信息。此时,闻香观芽,啜口茶汤,就可以体会到这山、这水、这森林的气息,品味出柔绵甘醇的山野之韵。

感叹大自然的神奇造化,历尽几千年的沧桑,青山还在,山岕还在,生生不息的茶树还在,茶圣走过的路还在。这里是紫笋茶的家乡,有着千年文化积淀的瑰宝,还有走不完的茶山小道,写不完的紫笋故事。

第三节　顾渚春晓紫笋香

一、春茶采摘有时节

山实东吴秀,茶称瑞草魁。寒冬刚离去,春风吹拂顾渚山麓的茂林修竹,春天的阳光透过婆娑的竹影,穿过层层树叶的间隙,唤醒了绿色植被下的茶树;春天来了,生长在翠岭山间、溪涧石旁的野生茶树开始萌发新芽,尽情吸收着天地间、山野森林中春天的芬芳气息。

每一丛茶树的生长环境和小气候不同,出芽的时间会有早晚,而由于茶树本身的品种特点也会影响出芽的时间,就是单株茶树的出芽率也有先后,这就成为野生紫笋茶采摘不便的原因之一。另外野山茶树一般都分散在毛竹林、山涧溪流边,采茶者必须翻山越岭寻找茶树,付出的辛劳多,采得的鲜叶却不多,这也是采摘不便的原因之一。现在已少有人去采摘野生紫笋茶了。

早春的天气变化大,气温也在乍暖乍寒之际,离清明节还有些时日,山上的茶芽萌发初始,明前茶是个宝,采摘早些时候的野山茶,干茶条索紧结细嫩,以一芽一叶为多,色泽绿润,多毫隐翠,冲泡后,香气清高如兰,茶芽舒展如春笋茁壮,汤色清澈透亮,滋味醇厚鲜甜,齿颊留香,为紫笋茶中极品。

现在,因大面积栽种早品种茶,其发芽早,出芽整齐,茶农忙于采摘,以应明前茶之需。其鲜叶产量高,也有很好的收益。所以去上山找野山茶的人就不多了(见图2-16)。

据史籍记载,唐时修贡,赶制"急程茶",是要在清明节前把"顾渚紫笋"送到京城。古时候顾渚山茶区不可能有成片大面积的人工茶园,分散在各个山岕间的野生茶树,受初春天寒影响,不会萌发大量待采的茶芽。所以记载中的"役工三万"是指进山采茶的茶农有三万人之多。因当时限于自然生长的茶树环境,一个茶农辛苦一天也采不了多少鲜叶,致使紫笋茶的身价也就更显高贵了。

（a）

（b）

图 2 - 16　采摘新茶

"急程茶"不是茶叶品种的名称,是唐代特指顾渚紫笋贡茶的。关于"急程茶",清《长兴县志》中有详载:

> ……湖、常二州争先赴期,以趋一时之泽。袁高有《茶山诗》,备述扰民之害,贞元八年(792年)刺史于頔贻诗毗陵请各缓旬日,俾遂滋长。开成三年(838年)刺史杨汉公表奏,乞宽限诏,从之。每造茶时,两州刺史亲自其处大率,以立春后四十五日入山,暨谷雨始还……

仔细阅读后得知,在唐时,湖州和常州的紫笋茶,都被作为贡茶后,当时两州的地方官员为争功而抢时间赶制贡茶,尽早进贡到京城,但给茶农带来沉重的负担,正如袁高诗中所说:"亦有奸佞者,因兹欲求伸。""忙辍耕农未,采采实苦辛。""终朝不盈掬,手足皆皴鳞。悲嗟遍空山,草木皆不春。阴岭芽未吐,使者牒已频。"

袁高在诗中,抨击了那些居心不良的官员,为一己升官之欲,争先赶造贡茶,同时,又描述了茶农深受其害的辛苦,一个上午采的茶叶还不到一捧的量,悲叹时间太早,春天还没到,遍山草木都未萌发,茶叶还没吐露芽苞,而官役来要贡茶的文书已频频来催了。

贞元八年(792年)湖州刺史于頔写了诗文给常州刺史,表达双方都缓些时日,使茶树得到顺其自然的滋长发芽;开成三年(838年)湖州刺史杨汉公上表奏请皇上宽限进贡紫笋茶的时限,皇上允准,也定了规矩,每到春天造茶的时候,两州的刺史必须亲临自己管辖之处,督造贡茶。

从立春后四十五日入山(3月20日),刚好是农历的春分节气,这个时候还是偏早,茶未完全萌发。必须动用多人采茶,才能完成贡额。也就成为史载中"役工三万"的场景,从3月20日起至谷雨(4月20日)结束,累月方毕。

清明时节,万木苏醒,春雨滋润着万物。茶树萌发的新芽,伴着春风春雨扶摇直上,此时茶农抓紧时机,采制新茶。明前茶(清明节4月5号前)珍贵,量也不多。而清明过后的几天内,茶叶的产量增多,茶价也降下一些,其品质也不差。以鲜爽度好,回甘明显,与明前的头茶相比稍逊的是厚度及甜度。此时的茶味会浓一点,采摘的标准,以一芽一叶或一芽二叶初展。清明节后(4月5日)至谷雨前(4月20日)采制的茶都称雨前茶,应该说4月10日前采的茶品质还是较好的。而在4月20日后采的茶,其香气和滋味则不如早春的茶了。

顾渚山区的桃花岕,有一大片紫笋茶基地,原属小浦的一个林场,十几年前,去茶场拜访生产销售茶叶的余伶慧经理。他们茶山的面积800多亩,山岕的入口处有一个水库,绕过水库,进入茶场,只见茶山叠翠,沿着山岕纵深延绵,这里有600多亩有机茶基地。作为有机茶基地须经杭州中国茶叶研究院质量认证中心检验通过,其评定标准是:土壤测定无农药,无化肥残留,用有机茶栽培的科学管理,不施化肥,不使用农药,施肥采用菜籽或豆饼,也可用一些家畜、家禽的粪肥,经过发酵处理后使用;在采制茶叶的过程中,严格按照等级标准,在鲜叶摊晾过程中使用的器具保持清洁卫生,茶叶不落地;有机茶的管理有规范的要求,从栽培到加工成成品茶,都有严格的标准衡量。

有机紫笋茶的滋味与传统紫笋茶相比,有机紫笋茶会更醇厚,感觉滋味会浓一点。因为施用有机肥,茶树得到丰富的养分,生长的芽叶肥壮,茶叶中的内含物丰富,也更耐冲泡。有机茶冲泡后芽形匀齐,赏心悦目,香气和滋味具有紫笋茶的品质特征,是紫笋茶中的珍品。

二、饼茶和芽茶

紫笋茶的历史悠久,千百年来,其加工的方法形式也不断变化,茶叶成品后的外形不断演变。唐代时的顾渚紫笋把茶叶蒸后捣碎制成饼茶,以"串"为计量单位。史记大历五年(770 年)是年顾渚山建贡茶院,始贡紫笋茶五百串(一串的重量相当于现在的 500克)。自元朝末年(约 1300 年)开始贡芽茶。明朝初年,紫笋茶的进贡量很大,史载洪武四年(1371 年)贡芽茶一万零六百十一斤十四两,叶茶九万六千八百零八斤。从历史记录中可看出紫笋茶从饼茶到芽茶、叶茶的发展过程。

（一）饼茶

在 2008 年左右，长兴紫笋名茶开发公司等几家茶企研制成功的饼茶面市了，这是长兴的茶人对茶业的执着追求，按照《茶经》及史记唐代紫笋茶的加工工艺，摸索试制成功唐代韵味风格的饼茶。它为追寻大唐茶韵的茶人提供了一份茶礼，为发掘重现唐代历史茶文化做出了贡献！

还原唐代贡茶的紫笋饼茶，重新在茶桌上飘香已十多年了，我最早是在大唐贡茶院品尝过，因了解不多，在前文中简单介绍有这款紫笋饼茶。直到最近，想将此书收尾定稿之时，紫笋茶缘竟然让我品尝到了煎茶，用按唐代制茶法制作的紫笋饼茶，再按照唐代品饮紫笋茶的方式，根据陆羽《茶经》记载的茶事活动，生动地展现在眼前。茶缘也真奇妙，那天上午，长兴茶叶协会钟秘书长，陪我去大唐贡茶院拜访林瑞炀总经理，听林总讲解陆羽与《茶经》，以及大唐贡茶院的历史文化。林总带我们走上陆羽阁，逐一介绍廊壁上挂着的陆羽《茶经》摘录，使我加深了对《茶经》的理解。

走下陆羽阁，刚坐下喝茶，巧遇印宗法师前来贡茶院，经林总介绍相识，坐下一起喝茶，印宗法师听说我在了解紫笋文化，热情邀请我去他的精舍喝煎茶，我一听，可高兴了，因为我已约了去宜兴 2 天，即与法师约定，我回长兴时就会赴约前往。言谈中，印宗法师告诉我，他在长兴钻研制作饼茶，潜心学习《茶经》，复原唐代的饮茶方式，已摸索出二十四器及煎茶的过程近 20 年了。印宗说:"现在不是做茶的季节,不能看到制茶过程。"但是我想能喝一下循照唐代陆羽的煎茶法的茶,更是一次难得的茶缘,是很幸运的。

第三天上午,按约定时间到了印宗法师的精舍。小院是山里农家的老宅,保留了以前的土坯墙,简朴自然,现在已很难见到了。院子里经法师设计布置,成四合院格局,平房老木窗,土墙黑小瓦,屋后有几根高大的翠竹,显出山野村居的雅致。法师的两位弟子已在忙碌了,打碎竹炭,准备点燃风炉,进入煎茶的程序了。

小院正屋是供奉佛祖的佛堂,进门右侧置放一长条茶桌,桌上整齐放着煎茶用的 24 器,小而精致。当天,印宗法师用这 24 器,还原唐时的煎茶法,品尝他做的紫笋饼茶,真是难得。法师说他钻研紫笋茶 20 年,是从陆羽《茶经》中获得灵感,从制茶到煎茶,都是反复学习茶圣的论述及相应历史上的记载,在实践中体会总结,每一个细节,每一件器具,都依照古时候的要求去做。我们阅读《茶经》,不知道的或没看懂的还很多,印宗法师钻研《茶经》,从中挖掘宝贵的古法制茶、古法煎茶,其精于茶道的虔诚之心,令我感佩。要做到这些,所付出的心血和精力是无法估量的,明年有缘的话,再来看看法师制茶了。风炉的炭火旺了,银釜中的水也升温了,泛起了小小的"鱼眼"(指水初沸时的小气泡)。印宗法师一一操作:碾茶、过筛、加盐、加研碎的茶叶,而后分茶等煎茶仪规,茶香慢慢散发在小屋内。印宗法师将第一杯茶恭恭敬敬供在佛祖座前,而后给我们分享品饮。

头一回喝用蒸青饼茶的煎茶,有点新奇又陌生,还在慢慢细品茶香茶味时,齿颊生津的感觉已在口中显现出来。以前也没喝过加盐的茶,汤微黄清亮有醇醇之味,有点像喝老茶的感觉。

印宗法师用他潜心研制的蒸青茶饼,与唐代煎茶之法,结合还原了一千多年前的唐风茶韵,为唐代紫笋文化的重现,奉上他对陆羽的虔诚之心,是难能可贵的(见图 2-17)。

图 2-17　印宗法师的手工蒸青梅花饼茶

(二)芽茶

目前在长兴的茶叶市场,基本上还是芽茶为主,即明前茶和雨前茶,谷雨后的粗老茶叶有加工一些低档的散茶,也有加工成红茶的。

随着近些年茶文化在现代生活中的普及升温,喝茶的人也增多了。全国许多山区也为脱贫发展经济种植茶叶,以增加收入。从各地每年举办的茶博会上可以看到,全国茶叶纷纷进入市场,有传统名茶,也有不少的新品种茶叶,为茶桌上增加多彩的茶世界。

顾渚紫笋也在茶博会上展现出历史贡茶的韵味,以它优良的茶叶品质及深厚的历史文化沉淀吸引了许多茶人,也有许多茶友是根据茶文化史书记载,找到紫笋茶的茶席来品尝了解紫笋茶。

初尝紫笋茶的朋友,往往被紫笋茶名所困惑,问得较多的是:这茶是紫颜色的吗? 不是说"紫者上"嘛,应该是紫色的吧? 还听到个别人说:以前的紫笋茶是紫颜色的,现在的茶叶很少有紫色的。接着武断地认为:现在已没有正宗的紫笋茶了。这些问题其实早就听说过,估计是对紫笋二字中紫字误解了。我起初也被"紫者上"困惑过,只有深入茶山,去过茶园,看到那些紫色茶叶时,你才会理解。为能解惑,我初来长兴即向茶商、茶农询问是否有紫色的茶? 得到的回答是:有! 语气肯定。但是我无法看到紫茶,直到2000年后,进入顾渚山区,走进茶乡、茶山。在小方、王祥红等朋友们的指教下,了解到了紫茶很少的原由。

顾渚山茶区,当春茶萌发时,茶芽有绿色,也有微显紫色的。有些淡紫的茶芽,经光照后会逐渐转为绿色,也有少量的茶树,其茶叶整株萌发新芽开始,到采摘时都呈深紫色。好多茶农告诉我,采茶时,一般都不去采这紫色的茶,因为这深紫色茶叶经炒制后,紫色全退。原因是紫芽茶叶中花青素含量高,鲜叶时色泽淡紫或深紫色,但在加工时,经高温杀青时花青素被破坏了,还原成深绿色,干茶变成暗绿发乌的色泽,冲泡后比其他芽叶色泽深暗,从茶叶的色泽感观上看,似乎破坏了一杯茶的整体美观。茶农告诉我,一杯茶里有几根暗暗乌乌的茶叶,客人会说:你这茶叶炒焦了,有黑乌乌的叶子混在里面,这茶价就卖不高了,甚至有的客人就不买了。如此一来,这紫色的茶叶就没人去采了,甚至会把整株紫茶树从茶园里拔弃。

　　知道了这个情况,也难怪紫茶不入茶杯的缘由。但紫茶好不好喝呢? 为此,近几年来,我专门请人采摘全紫色的茶叶,小锅专门炒制,也是为了在紫笋苑接待茶友,介绍紫笋茶的品种时,让茶友们品尝全紫芽的紫笋茶。明前的紫笋茶,芽短粗壮,芽尖略带弯曲,如出土的春笋。陆羽著《茶经》中所述:"野者上,紫者上,笋者上",作为御用贡茶,取"紫"和"笋"字为茶名,显示进贡给皇家御用的祥瑞之物就更显珍贵(见图 2-18,图 2-19)。

图 2-18　紫茶树

图 2-19　全紫牙鲜叶

　　全紫色的紫笋茶经冲泡后,展现出犹如兰花状,叶色略紫,叶状似笋,茶香幽雅持久,汤色清澈,有水晶般透亮的感觉,味甘鲜爽,因茶叶中花青素含量高,口感会有较明显的收敛性。栽种的地点和加工工艺不同,所产的茶叶,也会有品质不同,但都属紫笋茶中上品(见图 2-20)。

图 2-20　紫笋茶汤色清澈

几年前在桃花岕茶山上,见过一小片紫茶树,余经理曾说,想专门栽一些紫茶试试。最近又问起,想去看看,得到的回复是:"茶树品种改良时,把这点紫茶废弃了。"听后扼腕无比。紫芽茶少见,难得看到集中栽培,真有点惋惜了。没想到柳暗花明,在另一座茶山,我看到了大面积的紫茶树。

2019年四月中旬,应长兴县农业局领导之邀,到长兴参加县政府主办的年度紫笋茶茶王争霸赛活动,第二天安排我们去实地参观茶厂和茶叶基地。我是喝茶人,看到没到过的茶山,总会有兴奋、亲切感。其中,看到大片的紫茶树时,惊喜不已,弥补了在桃花岕与紫茶失之交臂的遗憾,也记下此行入茶山学习的意外收获。

那天下午,县农业局主管茶生产的领导,陪同我们到浙江长兴百岁爷茶业股份有限公司的基地参观,该公司的基地在长兴县城南面,距离县城约50公里路程,在长兴县和平镇滩龙桥霞幕山一带,属丘陵山区,海拔约400多米。小车盘山路而上,到达百岁爷茶业基地,公司在海拔300多米高的公路边,山坡一块平坦处,建有办公室、茶叶加工车间。站在公司门口,看看上山的路,确实有点高度,往远处西南方向看,层层山峦叠嶂,山坡的茶树如梯田一般,一片绿色铺向远方。

接待我们的莫仕琴总经理告诉我们,在这周围山里有公司四个茶业基地,总面积有600余亩,栽种了紫笋茶、白茶、黄茶等,莫总又指了前面几十步的一个山坡说:这是公司在2015年种的一批紫茶树苗,这片茶山约十亩地,在另一块基地里还有 30 亩面积的紫茶,我一听,兴致勃勃地快步走过去。茶树确实还没有长大,蓬径还小,刚采摘后不久,茶树叶更显稀疏些,但是可看到少量的新叶,呈深紫色的,整个山坡上一片新栽的紫茶。才四年时间,若再过几年,茶树再茂盛些,当春天来临,全紫色的新芽萌发时,一定十分漂亮,紫霞如云,给满目青绿色的主色调中,增添一抹吉祥的紫云。

在莫总的办公室茶桌前,品尝了她公司的明前紫笋茶和紫茶,紫茶的汤色清亮中泛有淡淡的紫色,是有特色的茶,莫总热情地接待我们,还馈赠一点紫茶和明前的紫笋茶,给我们带回上海品尝。时间过得很快,下山前,再远眺茶山,日已西斜,暮霭渐起。远处的山峰也隐约转入黛色,心想若等到太阳落到山峦时,一定是一幅美丽的茶山夕照图,这里也是适合茶旅活动的好地方。

三、紫笋茶生产加工工艺

早春是采茶的季节,也是炒茶的季节,是茶农最忙的日子。我住在小方那间小屋里,晚上看他们手工炒茶,也去其他人家里看机器炒茶,山间空气里弥漫着炒茶的清香,沁人心脾。

紫笋茶属于绿茶类茶,在加工的工艺中,有一个用炭火烘焙的过程,所以也可称为半烘炒型茶,其工艺流程大致如下:鲜叶经验收后,摊晾—杀青—理条—初烘—干燥—仓储。

（一）摊晾

茶农们将刚采摘的鲜叶分等级摊晾,一般都在通风阴凉处,取竹匾或专制的筛框,将鲜叶均匀摊开,重叠厚度约一厘米,摊晾的目的是散发鲜叶中的水分,使鲜叶中的水分降至 70% 左右,摊晾时间约为 4～6 个小时,如鲜叶摊堆量稍多,须轻翻几次,以使鲜叶均匀散发水分,摊晾时动作须轻,避免鲜叶因受损而会发红,影响茶的色泽。

（二）杀青

当鲜叶萎软后即可以进行杀青,杀青是绿茶加工中的重要环节,通过杀青,让高温在很短的时间内,破坏掉鲜叶中氧化酶的活性,中止茶叶的氧化,以保持绿茶应有的色、香、味,也蒸发掉部分水分,散发掉青草气,发挥茶香。同时高温也会改变鲜叶中的内含物质的性质,形成绿茶特有的品质。

杀青的方式有手工锅炒和机械杀青,手工杀青多用于等级较高而量较少的高档茶,如明前茶。或家庭小量的制茶也多用手工炒制。手工杀青的锅内温度在 200℃ 左右,投叶量 400 克左右,锅小些的则再减少投叶量,鲜叶入锅后,用双手翻炒,抖散使鲜叶均匀受热,散发水分和青草气。时间大约 15～20 分钟。

机械杀青多见于中小型茶厂。机械杀青加工量大，温度控制易掌握。机械杀青的一般温度控制在 200℃左右.常见使用的有：滚筒式杀青机、锅式杀青机、槽式杀青机，现还有微波杀青机。

近些年，还原唐时制作茶饼的古法工艺，杀青采用"蒸之"，亦称"蒸青"。

（三）理条

手工杀青的同时还结合揉捻理条，对芽叶细嫩的鲜叶稍作揉捻或不揉，以保持茶叶的完整。对较粗老的鲜叶，杀青时的揉捻程度较重些，使鲜叶茶汁渗出，芽叶容易成条卷曲，干茶的外形显得紧细一些（见图 2-21，图 2-22）。

机械杀青后使用机械揉捻机，鲜叶在揉捻机上揉捻同手工揉捻的原理是一样的。用揉捻机加工的茶，大多是较粗老一些的鲜叶，产量也高。

图 2-21 手工炒制顾渚紫笋茶

图 2-22　顾渚紫笋手工炒制成品茶

（四）初烘及干燥

　　杀青后的鲜叶干燥加工过程，是根据加工茶的等级和条件不同而定。传统的紫笋茶手工加工工艺是先在炒锅中翻炒，完成杀青理条和炒干的过程，最后再上烘笼用炭火烘干。当地茶农使用竹编的茶叶烘笼，烘笼高约60厘米，中为空间直径约80厘米，用竹篾编成席状围作一圈，中间置放燃烧后的炭盆，以绝对没有烟为原则，因为稍有余烟也会影响茶叶的质量。顶上放一竹编的盖，形似草帽，再摊上洁净的纱布，茶叶就放在纱布上进行初烘（也称毛火），此时的笼顶温度约在90～100℃，要勤翻动，翻动时从纱布四角轻轻拎起茶叶后，再将纱布茶包在笼顶轻轻放下，茶叶会从笼顶自然滑下，均匀散在烘笼上，如此勤翻多次大约 20～25 分钟，这样操作不用手去翻动茶叶，纱布可以防止茶的碎片和茸毛掉入炭火盆，产生烟味而影响茶的香气。也有不用纱布，将茶叶直接摊在烘笼盖上，要翻动茶叶时，端下笼盖，放在大竹匾上，翻整茶叶，然后再将笼盖放在炭盆上方烘干，这样也避免茶毫落入炭盆里（见图 2-23，图 2-24）。

图 2-23 传统加工紫笋茶的烘笼

图 2-24 顾渚紫笋传统加工过程中的烘焙工艺

初烘后将茶叶取下烘笼,进行摊凉,然后再复烘(也称足火)方式同前,只是炭火温度低一些,笼顶的温度约 60～70℃ 也须勤翻动,使茶叶均匀烘干,大约 30 分钟,用手捏茶叶即成粉末状时即可取下茶叶,这时的茶叶含水分约百分之六。

稍做摊凉即为成品茶,有些还用干石灰块用洁净布包好后,放入茶叶包中再吸掉一些水分(一般是在约 15 公斤的成品茶叶包中放一拳头大小的干石灰块即可),这样处理使茶的香气更好一些,也可以较长时间地保持茶的色泽不变。

(五)紫笋茶加工的发展

紫笋茶加工方法,多见于传统的手工制作工艺,用于少量新茶刚采摘时,茶农在家中自制炒茶的方式。近几年,茶叶产量增加,茶农家中大都添了理条机,以减轻劳动强度。

即将手工的杀青、揉捻过程在机器加工完成后,再用烘笼将茶叶进行干燥,更加快捷的方法是用电烘箱烘干茶叶,由于理条机构造较简单,设备成本不高,使用操作方便,在山村里有不少这样的茶叶加工点。

当鲜叶大量采摘下来时,都送到较大一些有机械设备的茶厂加工,特别是清明前后是茶厂最忙的日子。茶厂有大些的滚筒杀青机,电加热的理条机、揉捻机、烘干机,对茶叶加工过程中的温度、时间都可以控制,对茶叶成品的质量有较全面地掌握,可以制成大量或较大量等级相同的成品茶,一般茶厂加工茶叶都按前面所讲的加工工艺流程操作。鲜叶经杀青、揉捻后,用烘干机将茶叶烘干,茶厂都有冷库贮藏茶叶,这样可以满足茶叶贮藏的两个基本要求:低温及干燥,使茶叶能较长时间的保持色香味不变,以保证茶品质的原味。

近几年来,随着茶叶产量的增加,为减轻人工劳动成本,又要注重提高茶叶的品质,长兴的茶叶企业也投入资金,对茶叶加工设备升级提高,一些茶厂开始用上紫笋茶自动化加工流水线。对紫笋茶的加工进行标准化管理,从鲜叶杀青、理条、烘干等工艺流程,都在流水线完成。茶叶的加工自动化标准化的运用,对紫笋茶的品质稳定起到重要作用。

茶叶的加工工艺看上去流程简单,但变化很大,因鲜叶的等级不一,采摘时的天气情况不同,如阴天和晴天采摘的鲜叶,加工出来的茶叶香气就不一样,加工过程中各工艺的时间衔接,以及温度控制,操作手法等许多因素,都会影响到茶叶的香气、色泽和茶水的滋味。总之,最重要的是制茶人的经验和心情,是决定茶叶质量的基础。以上所介绍的加工工艺是紫笋茶的加工过程,而真正的门道是在做茶人的心里,体现在茶香茶味中,融化在茶水里。同一个品种的茶,即使是在同一个产地,也会有不同,就是受以上诸多因素的影响。正因为要在这不同的品味中,去寻觅原始天然的真味,找到记忆中的清醇。这也是品茶人所追求的,也是品茶所带来的无穷乐趣和回味。

四、紫笋茶冲泡小趣

每当春风又绿江南岸，新茶上市之际，爱茶人就急于品尝那透着鲜香的甘醇。现将自己品饮紫笋茶的习惯方法记述如下，与茶友们交流品茶之乐趣。

（一）怎样冲泡紫笋茶

紫笋茶冲泡①

品饮紫笋，各有千秋。只求真味，不拘一格。

国饮茶香，步入万家。六大茶类，风韵不同。

茶艺茶道，百花齐放。茶香怡人，茶味养心。

沏茶功夫，各有所得。一壶好茶，万般情趣。

吃茶去也！

我没有专门去学习过茶艺或茶道，只是按多年的喝茶习惯积累了一些泡茶的经验，久而久之成了一种习惯。平时我冲泡紫笋茶的做法是：

---

① 为作者写的一首小诗，怎样冲泡紫笋茶全在里面了。"吃茶"上海人的一种习惯叫法。

习惯选用透明的玻璃壶，这样在泡茶、品茶的过程中可同时欣赏到茶芽在水中舒展的瞬间，静观到紫笋茶叶在水中还原的美。冲泡时，采用泡乌龙茶的方法，即注入开水后，静候约1分钟，倒出全部茶汤，达到品尝紫笋茶的最佳状态。

（二）紫笋茶冲泡的一般程序

（1）烫壶，用沸水烫淋茶壶、茶盏。

（2）将紫笋茶4克置入壶中（壶的容量约330～350毫升）。

（3）注入开水沏茶（水温不低于90℃），沏水后，茶叶在水中慢慢舒展，静候1分钟左右即可出汤，倒出全部茶汤，（不用留底）储公道杯中分饮。

（4）冲泡第二遍，注入开水后，约1分钟即可出汤，也是全部倒出茶汤（不用留底），分饮后，继续冲泡第三遍。如此方法，可冲泡5～6遍。

（三）紫笋茶冲泡技术要点

（1）水温的掌控。冲泡绿茶尤其是明前茶，茶叶很嫩，水温一高，芽叶很快会熟黄，影响观赏。所以有些明前绿茶冲泡时都要求水温低一些。

而紫笋茶则有点不同，即使是明前紫笋茶，芽叶细嫩，在冲泡时不必强调水温低些，因为水温低些，反而使紫笋的茶香发挥不出来，茶叶浮在水面上，滋味也难入茶汤。所以，在冲泡紫笋茶时，水温不低于90℃,水烧开后,稍等一会,就可沏茶,一般将温度控制在95℃~90℃为好。

(2)冲泡时间的掌控。不管是选用玻璃壶或盖碗,冲泡注水后约1分钟,即可倒出全部茶汤,储公道杯中分饮,不必留底(即不保留茶汤),因为"留底"后,若坐杯时间一久,茶叶的内含物质释放就会多,使茶汤味浓,再次冲泡后,茶汤会很快变淡,造成前后茶汤滋味的不稳定。

因此在冲泡紫笋茶时,可采用泡乌龙茶的方法,即第一冲泡后倒出全部茶汤,不"留底",与茶友分饮;再次冲泡,还是倒出全部茶汤;如此,即便冲泡到4~5遍时,好的紫笋茶可续泡6~7遍,这是品饮紫笋茶的最佳状态。

但需要注意的是,每次冲泡后的间隔时间不宜过长,最好随泡随喝,顺其自然,慢慢品饮,直至茶味淡了再换茶;若喝茶途中,去办点事或煲个半小时的电话,再转回来泡茶,那么就会失去紫笋茶特有的茶香和茶味了。

(3)投茶多少为佳。冲泡一壶茶(容水量约在330~350毫升的壶),一般用干茶4克为佳,因为过多地投茶,反而不能有效地体验紫笋的茶香茶味,就好比使用香水,过量反而不达效果,其冲人之味反而不好受。

紫笋茶的香味似有幽柔文雅之兰香,美在其若有若无、飘逸而至的一缕茶香,这样的茶香是一种沁人心脾、怡神难忘的王者之香,这也正是紫笋茶的魅力所在。所以过多的投茶量,茶汤虽浓,却品味不到紫笋茶的幽香和甘甜。

泡一杯紫笋茶,适量投放茶叶,茶香茶味比多放会更好,宁可待茶淡了,再新沏一杯,这样比一次多放茶叶好。这也是我多年喝茶的真切体会。

实践出真知,只要多实践泡过几次紫笋茶,用心品味,就一定能掌握适合自己口味的沏茶方法和最佳投茶量。

(4)泡茶水的选择。喝好茶要用好水,才能喝出好味道,这是喝茶人的共识。众所周知,冲泡紫笋茶当然也得用好水才行,最佳的搭档是长兴的金沙泉水(唐代曾作为御贡之水),若无法达到此条件,选用山泉水也可以,忌用自来水或自来水净化水,否则紫笋茶的茶香茶味难以体现。

有位茶友讲了他品紫笋茶的一件事,早些年,他来我茶室品尝紫笋茶后,回家自己冲泡,总不能喝出在我这里品茶的感觉,他也知道在我这里取回的紫笋茶,也是等级好的紫笋茶,什么道理?他也没有问过我,直到有一次,他居住的小区里,因自来水临时停供,就去超市里买了一桶农夫山泉回家,晚饭后,煮水泡紫笋茶时,一下感受到了紫笋茶的茶香茶味,与在我茶室里品尝紫笋茶一样的感觉了,他兴奋地打电话告诉我,找到了其中的原因,想不到水的作用这么大。

可见,品饮紫笋茶,对水的选择很重要。关于泡茶用水有很多专著,茶友们可仔细阅读,在此也不用赘述。现在市场上供应的水,有许多品种,建议茶友们与找茶一样,多体会,认真品味,选择适合的饮用水。

与水相关还有一种情况,常有茶友问我,在旅行时,常会到产茶的景区,在那里喝茶的时候感觉很好,但是买回来茶叶,回家后,就觉得不好喝了,即使是看着老板包好茶叶,总喝不到当时的感觉了,在排除茶叶的品质不一样的前提下,即同一款茶叶也会味觉不同。我解释还是与水有关,加上旅游时,登山走路疲乏口渴,身体急需补充水分,此时,喝上一杯当地的山泉水冲泡的当地茶,肯定是茶香甘甜,解乏提神,会留下深刻的印象。常说:好山好水出好茶,在景区喝茶的饮用水好,当回到上海用家里的自来水泡茶,肯定不会有山里品茶时的感觉了,其中的原因是水起了重要的作用。

第三章 紫笋文化深远

第一节 爱上紫笋茶文化

一、好茶好味道

喝紫笋茶多年,讲紫笋茶好的场合也多了。在一次品鉴全国名优茶的茶会活动中,我品尝了各地多种名茶,有人问我喜欢哪几种茶?我只能笑笑摇头。茶友说我是对紫笋茶情有独钟,才不喜欢其他的茶,我只能再次摇头说:这话不对,我喜欢喝紫笋茶,是因为好喝,但绝对没有看轻其他茶的意思,只要好喝的茶都会喜欢。我在十几岁开始喝茶的时候,已去茶叶店买回各地的茶叶一一品尝。那时候,是不可能去茶叶产地的,结缘紫笋茶后,也是被紫笋茶的香气滋味所吸引。在 20 世纪 80 年代初,已每年喝上紫笋茶了。有一次在上海第一食品公司的茶叶柜台前,我看着"铁观音"

三个字琢磨了一会,觉得茶叶怎么会有"铁观音"的名字,在好奇心的驱动下,买了一两(50 克),当时的茶叶价格是 20 元一斤(500 克)。那时的铁观音干茶是条索状的,不是现在揉成颗粒状的,茶汤颜色也是橙红与大红袍汤色相似。

晚饭后,用常见的钢化玻璃杯泡了一杯铁观音,那时还没见过泡功夫茶,不会用冲泡功夫茶的盖碗。过一会,茶叶舒张后,在玻璃杯中显得硕大,看到与绿茶不同的绿叶红镶边(现在的铁观音茶叶的加工方法,很难看到绿叶红镶边了)。啜一口茶汤,我惊讶的是那淡淡的茶香,特别舒服,滋味浓醇,感觉消食解腻的效果很好。于是,在每年春节前会买上一点铁观音茶叶,在春节期间招待客人。

有位老师告诉我简单的道理,不管是红汤、绿汤、黄汤、黑汤,好喝的茶汤就是好茶。千真万确,茶叶是用来泡茶喝的,本意就是喝茶。

有一次春茶上市之际,我在家里请几位单位的同事在家小聚,饭后我端出准备好的几种茶叶,有明前的紫笋、明前的龙井、苏州的碧螺春、还有雨前的绿茶(炒青),请大家逐一品尝。人多议论起喝茶,你一句,我一句,聊得很开心,尤其对这四道茶更是感悟特深,都说这四道茶,分别是"紫""龙""碧""雨",茶名好听,茶味更好。看着同事们在品好茶时的感悟所言,内心由衷地感叹到好茶还是人人喜爱的。

自学习茶叶审评后,为了从六大茶类中,分别挑选出二三种有代表性品质特征的好茶,十多年来多次去四川雅安蒙顶山拜访老师,寻访好茶。四川雅安那里有蒙顶黄芽(黄茶类),川红功夫(红茶类),蒙顶甘露(绿茶)等好茶。蒙顶山是我国著名的茶产地,地处四川省雅安县和名山县境内,海拔高、地域广,可看到山连山的茶园,也是我国最早的茶叶产地之一。蒙山茶有许多历史名茶。著名茶联:蒙山顶上茶,杨子江中水。就是指蒙顶山上的茶,这也是我常去雅安的原因之一。

第一次喝铁观音茶后时隔二十多年,我也没想到会来到铁观音的家乡,住上几天,为的是学习了解一下铁观音茶。在福建安溪林总的安排下,跟他一起去安溪,看看铁观音的采摘加工等过程,增加了对乌龙茶类的了解。铁观音的加工方法也有了变化,从条索状干茶到颗粒状的过程,也是茶农、茶企专家为适合市场需求作的变革,一改以前传统的酱油汤色,改变成近似于绿叶绿汤,清香更明显,茶汤的滋味也不那么浓重,有点像绿茶的鲜爽回甘了,使铁观音在上海市场占了一大块。我的茶室里也常备铁观音和武夷山的岩茶。作为乌龙茶(青茶类)的代表茶,用于自己品尝或与茶友交流,为初入门的茶友讲解乌龙茶品种时的样茶。

总之六大茶类各有其色香味,不可以己所好而贬其他茶。我并非是前面所讲对紫笋茶情有独钟,而看轻别的茶。茶有千种,各人有各人的喜好,尽可随意选择,对每个人来说,合自己口味就是好茶。六大类中有许多好茶,口味不同,值得一一去品尝,不可独爱一两个茶,那就少了许多机缘去品尝不同的好茶了。

二、顾渚山上的紫笋文化遗迹

而紫笋茶在绿茶中有绿茶的特有品质,合我的品味,还有一点价格合理,这也是我几十年爱喝紫笋茶的原因之一。

紫笋茶在我的生活中,占据了大部分的重要位置,来往长兴的四十多年,已超过我年龄的大半,与紫笋茶结缘广而深厚。但是,对于没喝过,或不了解紫笋茶的人来讲,紫笋茶的存在或不存在是无关紧要的,他们或许不会在乎紫笋茶,更不会去了解紫笋茶的文化历史。

有一天,我突发奇想:大唐贡茶院如果少了紫笋茶的故事,少了唐时"急程茶"的历史,少了茶圣陆羽的雕像,那整个大殿大院将失去生命的活力,贡茶院也就没有存在的意义。

如果没有紫笋茶,那散布在顾渚山间崖壁上的石刻也不会出现,那些个刺史、官员、文化名人不会在山石上镌刻修贡茶的工作日志,也就不会有流传千古的紫笋文化佳作和吟颂紫笋的诗句(见图 3-1,图 3-2)。

少了紫笋茶,陆羽也不会把时间花在顾渚山,徘徊多年,置茶园,写茶书,更不会在《茶经》中记录下"野者上,紫者上,笋者上"的著名论断,中国历史上就少了一个精彩的紫笋茶的故事。

从陆羽《茶经》中记录的地名看,书中提到的山桑坞、獳狮、啄木岭、悬脚岭等山岭山岽,是陆羽当年走过多次的地方,才会把这

图3-1　唐代摩崖石刻　最高堂,在水口金山村

图3-2　唐代摩崖石刻:老鸦窝石刻

些地方写进《茶经》，给后人留下了宝贵的可考证的依据，否则的话，断层三百年后，重现紫笋茶韵味，再现紫笋茶的文化故事，从何谈起呢？正是有史书记载，有千年崖壁上的石刻佐证，还有那些生长在山岕里的紫笋茶，呈现了千年前紫笋茶的韵味，所有的这些组合还原了紫笋茶的历史文化。

这是一个穿越时空的故事，时隔千年的文化在我国有很多，当我多次走上山桑坞、獳狮、叙坞岕的古茶山，眼前浮现唐代万人采茶的壮观场景，站立在最高堂的石刻前，思索古人为何留下这些个工作日志，并不是那俗气的"到此一游"之滥。当端起一杯清香透亮的野山紫笋，其润喉甘滑、沁人心脾的好茶，令人饮之不忘。

我爱紫笋茶的品质，更爱紫笋茶的历史文化，爱紫笋茶家乡的山山水水，喜欢那些流传千年的有关紫笋茶的诗文故事。这是紫笋茶的深厚的文化底蕴，是经得起品味的文化茶。

在顾渚山区，有许多与紫笋茶相关的遗址。历经一千多年后，文献史籍中的一些庭院建筑已不复存在，仅存了一些饱经沧桑岁月后，斑驳不清的摩崖石刻，以及很少有人走的古道、山路、山岕。为发掘弘扬唐代贡茶的历史文化，长兴县人民政府也逐年投入资金重建历史记载中的一些建筑。我在20世纪90年代走进顾渚山区，入住陆羽山庄数次（见图3-3，陆羽山庄现已拆除，原址要作为大唐贡院后期工程扩展所用），在陆羽山庄的院墙附近有金沙泉和忘归亭，远处是隐隐起伏群山。忘归亭的周围是一片茶园，在忘归亭的东侧，有一泓清泉涌出，这就是著名的"金沙泉"。杜牧《茶山诗》

（a）

（b）

图 3-3　20 世纪 90 年代的陆羽山庄
（a）陆羽山庄外景　（b）陆羽茶室

中写道："泉嫩黄金涌，芽香紫壁裁"，即是指金沙泉和紫笋茶。宋代的《吴兴志》载："顾渚贡茶院侧，有碧泉涌沙，灿如金星"，也许是与金沙泉名字相关。泉水汨汨顺着沟渠向东流淌千年，与紫笋茶相得益彰，是顾渚山茶文化中的"二绝"，成为唐代的贡品。史载所述："龙袱裹茶，银瓶盛水"就是指紫笋茶和金沙泉水。

（一）"陆羽茶室"

记得在 2002 年，我曾陪同十几位老同事上顾渚山游憩，经忘归亭，顺金沙泉水向东，迈过小桥，在"陆羽茶室"品紫笋，一路上我向他们讲述唐代贡茶、贡水的故事。当时的"陆羽茶室"还只是一间不大的平房，粉墙黛瓦，清寂雅致，屋后是大片的毛竹林，泉水在门前汇聚成一池，又蜿蜒向东流去。

记得那是个下雨天，我们一行人在"陆羽茶室"一边喝茶，一边透过如珠帘清亮的沿屋檐而下的雨帘观云雾升腾的青翠山色，潺潺的泉声在细雨中格外的悦耳，好一派静谧空灵的山野世界，令人陶醉其中，都说这是个养心的好地方。当然我国随着休闲旅游的发展，"陆羽茶室"现在已改建成高大上的"贡茶院"了，好在忘归亭和金沙泉依旧还在。

（二）金沙泉

关于金沙泉，在长兴县志和其他史籍中有一段这样的记述，每年紫笋茶开始制作前，湖州、常州的刺史（地方最高长官）必须亲临茶山督造贡茶,以应王命。而到茶山的第一件事,是备好祭品,拜敕祭泉。据说平时的金沙泉时有时涸,祭拜仪式后,此时的金沙泉似乎有灵性感之,泉即涌出,以供制茶时的洗、蒸、捣之用水。更奇的是,当制茶一月后,茶事结束了,泉水又干涸了,还真有点神奇(见图 3-4)。

图 3-4　神奇的金沙泉

我想,这也许是前人对大自然的心存敬畏,感恩大自然的传说,也给贡茶、贡水增添了神秘色彩,以示珍贵了。这相同于其他有些茶区的"喊山"祭天地之意吧。名泉与名茶同出一地,也是天地之造化的神奇所在,金沙泉沏紫笋茶,真是绝佳至味!

我也与金沙泉有缘，在我家附近有来自长兴的大唐贡泉桶装水供水站，20年来，紫笋苑的品茶用水，也即是金沙泉水，就是说，在紫笋苑喝紫笋茶，如在顾渚山喝茶一样了。

（三）忘归亭

在忘归亭（见图3-5）的北侧有一石碑上刻《重建忘归亭记》，在这短短的二百几十个字里透出一种久远的文化气息，碑文虽短却精烁达意，从陆羽结庐顾渚写《茶经》，紫笋茶、金沙泉名扬遐迩，成为贡茶贡泉。在这些字里行间展现出唐时紫笋茶的盛况，为后人了解紫笋茶的文化历史，提供了极好的教材。

忘归亭也成为我早期了解紫笋茶的地方，《重建忘归亭记》吸引我更多地学习了解紫笋茶的历史，寻访历史的遗迹和相关的文化。忘归亭也几经修葺，在抄录碑文时有个别字迹已不太清晰了。在忘归亭东北侧，还有一块大理石碑，是浙江大学著名的茶学专家、茶叶系教授庄晚芳先生的诗句，只是字迹不清，在此抄录庄晚芳先生的几句石碑诗文：

顾渚山谷紫笋茗，芳香唐代已扬称。

清茶一碗传新意，联句吟诗乐趣亭。

该诗中的"联句吟诗乐趣亭"是指唐时茶圣陆羽、皎然、朱放等论茶，忘归亭是他们游茶山后，品茶吟诗之处。真可谓是：

仙山顾渚一秀亭,岭下清泉名金沙,

吟诗联句品紫笋,茶韵恋君忘归家。

最近,在寻找忘归亭资料时,又看到《重建忘归亭记》碑文的内容见图 3-5(b)。该碑文是在长兴政协文史资料编委编写的《顾渚紫笋诗文录》(长兴文史资料第四辑)中记载的题为《名胜遗迹·忘归亭》。

(a)

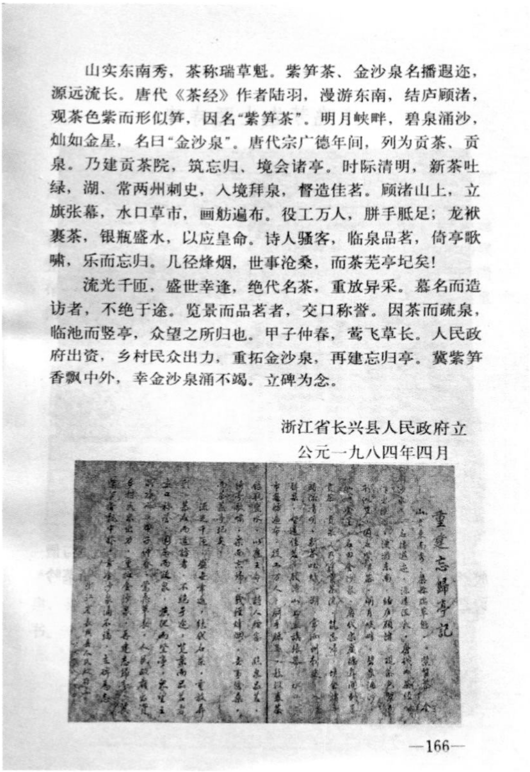

山实东南秀，茶称瑞草魁。紫笋茶、金沙泉名播遐迩，源远流长。唐代《茶经》作者陆羽，漫游东南，结庐顾渚，观茶色紫而形似笋，因名"紫笋茶"。明月峡畔，碧泉涌沙，灿如金星，名曰"金沙泉"。唐代宗广德年间，列为贡茶、贡泉。乃建贡茶院，筑忘归亭、境会诸亭。时际清明，新茶吐绿，湖、常两州刺史，入境拜泉，督造佳茗。顾渚山上，立旗张幕，水口草市，画舫遍布。役工万人，胼手胝足；龙袱裹茶，银瓶盛水，以应皇命。诗人骚客，临泉品茗，倚亭欷歔，乐而忘归。几径烽烟，世事沧桑，而茶芜亭圮矣！

流光千匝，盛世异逢，绝代名茶，重放异采。慕名而造访者，不绝于途。览景而品茗者，交口称誉。因茶而疏泉，临池而竖亭，众望之所归也。甲子仲春，莺飞草长。人民政府出资，乡村民众出力，重拓金沙泉，再建忘归亭。冀紫笋香飘中外，幸金沙泉涌不竭。立碑为念。

浙江省长兴县人民政府立
公元一九八四年四月

—166—

（b）

图3-5　忘归亭
(a) 忘归亭景观　　(b)《重建忘归亭记》碑文

（四）叙坞岕

2000年后又陆续在一些古茶山上，见到由长兴县政府刻立的青石碑，分别刻录了《茶经》中的山岕地名（见图3-6）和《茶经》中摘录文字,提示了当年陆羽考察茶事的地方,也是彰显了一千多年来,至今尚保存的紫笋茶的文化内容。

图3-6　陆羽《茶经》中记载的山桑坞在水口叙坞岕

在叙坞岕里的古茶山上有新建成的爛石亭,正是当年陆羽《茶经》所描绘的:上者生爛石的环境,长兴县政府投入资金,筑路修亭,方便游人及爱茶者重走茶圣当年之路,沿着石阶上山,可在古茶山里绕行一圈,山也不太高,新筑的爛石亭,在稍高的山坡上,在亭子里倚栏观景,可见远处的山岭相连,山上以竹林为多,翠绿婆娑,亭子周围山坡上有大小不一,高低错落的野生茶树,山涧流水遇石激荡起哗哗的水声,涧旁的石块边有许多的野山茶树,这里是观察野山茶树自然生长环境的好地方,是对照理解《茶经》的课堂。这里植被繁茂,空气清新,是天然的氧吧。在这里漫步一圈,令人胸宽而舒畅,是怡养心肺的好地方。此处附近有许多农家乐的民宿,但是上山游人并不多,可能还是听闻的人不多吧。

(五)廿三湾即啄木岭

在水口乡金山村有最具文物价值的石刻,那就是"最高堂"摩崖石刻(前面已经介绍过)。由此山往北,那是葛岭坞岕,近两年在往北的山路口,竖立了一座石牌坊,上书:"贡茶古道"四个大字。这条古道是专为紫笋贡茶而筑。山里也有许多野生茶树,也是紫笋茶的主要产地之一,从葛岭坞岕一直往北走,即到与宜兴交界处了。前几年,因订制紫砂壶,结识了丁山的周荣伟先生,他是炼制紫砂泥的专业经营人员,却爱好登山健身运动。他带我去过江苏宜兴县湖汉的廿三湾,我也跟着去爬山,看看山景,也想测试一下自己的身体状况。上山后小周指着浙江方向说:"从这里下山,可以走到长兴县的水口乡霸王潭等地,须步行几个小时,都是山路小道。"每次去廿三湾都是小周开车到山脚下,然后沿着古道石阶,走上山顶,几年时间里去过几次,竟然不知这就是陆羽提到的"啄木岭"。

最近在查阅《长兴县地名志》中,发现"啄木岭"别名廿三湾,山在水口西北 10 公里,海拔 400 米左右,分水岭以北属江苏宜兴。

据《长兴县志》载：啄木岭与悬脚岭接，在县北五十里达宜兴。山墟名云其丛薄之下，多啄木鸟，故名。又因从岭脊至葛岭坞界，建石阶山道二十三个湾，又名廿三湾。

我多次来到廿三湾不知就是啄木岭，兴奋之余赶紧联系周荣伟先生，确认廿三湾即啄木岭后，再问及悬脚岭地处何方？小周回答：悬脚岭在廿三湾不远之处。我好像发现了新大陆一样，高兴极了，所以在电话中约好时间，迫不及待地赶往宜兴丁山，烦请小周开车送我先去悬脚岭，看一下陆羽到过的地方。岭上界碑高大，上端有石狮雄踞，为古道增添了雄关之意。另一侧岭口树一石碑（见图 3-7）。

《悬脚岭记》碑文（抄录）

有岭名悬脚，界定两省，其南为浙江煤山，其北为江苏湖㳇，昔孙权岭上弯弓射虎，陆羽竹下品泉煮茶。境会亭，唐刺史督贡；尚犭村，郭沫若著文。悠悠千载，人世沧桑。然山道崎岖，岕深林密，车绕百里之遥，人愁攀登之苦。开山辟岭，乃两省人民之夙愿也。改革年代，誓造坦途，村民解囊，两镇出资，国家补助，数百万元，历时三载，绝巇终成通衢，而今车辆飞奔，商贾往来，喜湖㳇之兴旺，欣煤山之腾飞，立碑以志。

煤山镇人民政府　　立
湖㳇镇人民政府

一九九九年十月

图 3-7　悬脚岭碑文

　　铭文示：悬脚岭是浙江和江苏两省的分界岭。追溯远古，三国孙权在此射虎；唐代陆羽在岭上竹下品茶；近代有郭沫若到长兴尚儒村著文。这里是重要的隘口，古时是兵家必争之地。

　　悬脚岭是陆羽《茶经》中记载的地名，是他考察茶事经过的地方（见图 3-8）。

图 3-8　悬脚岭:江苏省和浙江省的界碑

(六) 境会亭

　　离开悬脚岭,小周再次驱车来到廿三湾山脚下,陪我再登廿三湾,岭不太高,修竹成林,山路在竹林中斜径曲折向上,到山顶后有一新建的石亭,悬挂匾额为徐秀棠大师题字:境会亭。这就是啄木岭上的境会亭! 就是唐时,常州湖州两个刺史在此相聚同督贡茶的境会亭！记得前两次登上廿三湾山顶，看到此亭，心犯嘀咕，印象中古书记载说：境会亭在啄木岭上，这里怎么也会冒出个境会亭呢？真没想到，这里就是啄木岭！只是地名称呼不同而已，释然以后，心中舒坦，又找到了一处茶圣到过的地方（见图 3-9）。

唐白居易诗《夜闻贾常州崔湖州茶山境会亭欢宴诗》所描述的"遥闻境会茶山夜……紫笋齐赏各斗新。"

白居易亦为唐代著名诗人，于唐宝历元年（公元 825 年）任苏州刺史，翌年春得知湖常两州刺史在境会亭欢宴，作此诗以遥祝。

在啄木岭境会亭前，我和小周一起合影留念。我非常感谢周荣伟先生帮我完成了多年的心愿。自从第一次登古茶山山桑坞，知道是陆羽在《茶经》中记录的山岕，而且书中还提到其他一些地名，都是在紫笋茶产区，心里就有个想法，要逐一完成，重走当年陆羽到过的茶山，去看看他一千多年之后的山和茶树。如今青山依旧在，古亭已复建，由紫笋茶衍生的文化故事历史久远，千古传唱。

我是坐小周的车，先从宜兴直达悬脚岭山脚下，再开车到啄木岭下步行上山顶，山岭虽不太高，步行到山顶也是汗滴额头，心跳加速，气喘吁吁。从山脊往浙江方向看去，只见群山起伏，一片葱茏。听小周说，往浙江山里走，有很多古时候留下的山路小道，路窄的地方，仅能通行一人，他与登山队员们常会去那里走走。

（a）

（b）

图 3-9　境会亭

（a）重修的境会亭　（b）长兴县志记载

三、中国茶文化源远流长

我眺望大山心中感叹：古时候的交通没有现在好，一千多年前，茶圣在这方圆几十公里的山间丛林中徒步跋涉，定是万分艰辛，但是为了完成《茶经》，不惧劳累，一一记下了他的考察结果，为后人了解紫笋茶留下了宝贵的资料，成为珍贵的文化遗产！

一千多年前，顾渚紫笋从古茶山出发，通过贡茶古道，一路急程，赶到京城时。"牡丹花笑金钿动，传奏吴兴紫笋来"，紫笋成了唐时名闻天下的贡茶。

我爱上紫笋茶，一是因为茶的品质好，二是因为紫笋茶的历史文化内涵丰富、积淀深厚，是值得细细品味的紫笋文化。

唐时，紫笋文化的形成，有诸多因素，自从陆羽在长兴写《茶经》过程中，把紫笋茶推荐为贡茶，得到朝廷王室的认可，逐步加大了对顾渚紫笋的需求量，建立贡茶院，还下诏，命令地方官员，每年必须亲临茶山督造贡茶。这就提升了紫笋茶的地位和知名度。同时也引发了唐代名人纷至沓来，品茗作诗，忘归亭就是为品茶、论茶的休息场所；建在啄木岭上的境会亭，为方便湖州、常州的地方长官，在两省交界处同为修贡，坐在一起督察茶事、品茶议事的地方。时隔千年，古亭早毁了。近年在古遗址上重建了忘归亭和境会亭，其意义是再忆唐代贡茶的历史文化。从县志记载中可知在唐代顾渚山茶区还有许多亭阁古寺,只是现在大都无踪可寻。如在陆羽《茶经》中所记的伏翼阁、飞云寺,至今未找到在什么位置。所幸的是记载的文字,许多与紫笋茶相关的人物和事,可在史记中找到,沧海桑田,历史长河滚滚向前,历经千年的史书与顾渚山上静卧千年已现斑驳苍凉的摩崖石刻还在。联系起千年岁月的故事,阅读这一段段史记,还原出一幅幅唐时紫笋文化场景,仿佛又传来一首首描述顾渚紫笋的绝妙诗歌。

陆羽《茶经》的完成和发行,推动了唐代茶文化的形成和发展。《茶经》中关于茶叶的产地,采制加工及茶器、茶礼等专业的论述,也促进了自唐代开始的茶叶的发展,《茶经》中记载了唐代贡茶、紫笋饼茶的工艺。近些年来,长兴的茶叶专家及爱好家乡传统名茶的爱茶人,追寻唐代贡茶的历史,探索唐代饼茶的制作方法,成功再现了唐代时的贡茶,这是长兴茶人对茶圣的敬仰,是唐代紫笋文化的传承、弘扬紫笋文化的成果。

受陆羽《茶经》的影响,加上朝廷下诏,命地方官员督造贡茶,紫笋茶一时名声大噪,引起各方人士关注,许多描写顾渚紫笋茶的诗句,就是当时著名的诗人、文学家留下的。从修贡的刺史袁高所赋的《茶山诗》,刺史杜牧奉诏携全家同进顾渚山修贡的四首茶山诗,为我们描述了春茶萌发时,万人上茶山,累月赶制贡茶时的场景。大家都知道杜牧是唐代有名的诗人,有许多诗词流传吟诵,小学生的课本里都有杜牧的诗。但是很多人不知道杜牧在顾渚山写过有关紫笋茶的诗。在我的茶室品尝紫笋茶时,有时问茶友:"知道杜牧吗?"茶友说:"知道呀,杜牧是唐代的大诗人。"我再介绍杜牧在湖州当过太守,到过顾渚山督造贡茶,并写下几首茶山诗,还在顾渚山刻石题名,茶友真是惊叹不已:"哇! 不知道杜牧在长兴写过茶诗,这紫笋茶的文化还真是很深哪!"

从县志记载的许多诗句及作者的名字看,很多唐代著名的诗人、文学家,如白居易、陆龟蒙、刘禹锡、皮日休、释皎然等还有大家都熟悉的书法家颜真卿也与紫笋茶有缘。颜真卿还当过五年的湖州刺史(太守),多次来到长兴顾渚山,身为刺史有王命在身,前往顾渚山督造贡茶。据记载:唐大历八年(773年)颜真卿在顾渚山明月峡为茶事书写过碑文,共有146字,年代久,已毁。若能与其他摩崖石刻留存在世,尚能看到的话,肯定是无价之宝了。小时候练习毛笔字,都临过颜体碑帖,从那时候起知道颜真卿的大名,没想到一千多年后,我也会到他从前到过的茶山转悠。看如今明月峡青山绿水,虽不见古人的碑文,却是茶香依旧,真感叹这紫笋茶渊源深沉。

颜真卿在湖州期间与皎然、陆羽相识后成为好朋友,有时会聚在一起举办茶宴,请当地官员、文人雅士一起品茶。吟诗联句,也是高雅的文化活动,颜真卿还提议建个固定的亭子,由皎然主持,陆羽设计,在湖州抒山建造了一座"三癸亭",见证了三人的友情,这也成为湖州茶文化的重要文物景点了。

在惋惜没能看到颜真卿当年写在明月峡的碑文时,但也查阅到颜真卿在大历九年(774年),应长兴县丞潘述之邀,率陆羽、皎然等 19 名士,至竹山寺潘氏读书堂(现在的长兴小浦竹山潭),作诗联句,颜真卿的首句:竹山招隐处,潘子读书堂。陆羽接第二句:万卷皆成秩,千竿不成行。颜真卿作为当时最高的地方行政长官,写开头一句,陆羽接第二句,由此可见,陆羽与颜真卿的相知感情之深,亦可见陆羽当时的声望了。

以前去八都岕,多次途经小浦,不知有此典故,未在小浦停留过。从记载的茶事活动看,19 位名人雅士、地方官员相聚竹山堂品茶吟诗,可谓高雅而有文化,而且由湖州刺史颜真卿亲自执笔,陆羽也参与作诗,大书法家与茶圣一起联句作诗,是难得的机缘,史记中也罕见,加上皎然等名士,使这次茶会意义非凡,堪称珍贵之重,成为紫笋文化中的一段佳话,载入县志。

据《长兴县志》载,竹山潭有竹山寺。唐大历九年(774 年)春三月,大书法家颜真卿与名人在此写下《竹山连句帖》,字势雄伟,大有蚕头燕尾。

紫笋文化和紫笋茶有过辉煌而闻名遐迩的历史,也有消沉几百年岁月,以致被淡忘、失传、悄无声息地沉没在历史文化的长河中。星转斗移,山川依旧,好在中国的文化源远流长,几千年文明文化的延续,用文字记下了过去发生的事。从这些文字中去发现、寻找点滴简短信息,加以其他资料的佐证,去追溯千年前紫笋文化和相关的人与事,帮助还原曾经的贡茶故事。

在查阅史籍资料中,顾渚紫笋在唐代中叶与《茶经》一起名声处于鼎盛时期,所以唐时留下的摩崖石刻和紫笋茶诗也很多。宋、元时代紫笋茶贡额减少,到明代,紫笋茶的贡额又增加了。其中各个朝代的名士文人,对紫笋茶的赞咏还是延续记载下来。前文较多介绍了唐代名人写下的茶诗,为更多了解紫笋文化在各历史朝代中的影响和地位,再从唐、宋、元、明、清的史记诗词中选录一二,以追寻紫笋文化的历史延续。

《与赵莒茶宴》

唐·钱起

竹下忘言对紫茶,全胜羽客醉流霞。

尘心洗尽兴难尽,一树蝉声片影斜。

注:钱起,唐代诗人。吴兴人(今浙江省湖州市)

《顾渚行寄裴方舟》

唐·释皎然

我有云泉邻渚山,山中茶事颇相关。

鸀鸠鸣时芳草死,山家渐欲收茶子。

伯劳飞日芳草滋,山僧又是采茶时。

由来惯采无近远,阴岭长兮阳崖浅。

大寒山下叶未生,小寒山中叶初卷。

吴婉携笼上翠微,蒙蒙香刺罥(juan)春衣。

迷山乍被落花乱,度水时惊啼鸟飞。

家园不远乘露摘,归时露彩犹滴沥。

初看怕出欺玉英,更取煎来胜金液。

昨夜西峰雨色过,朝寻新茗复如何。

女宫露涩青芽老,尧市人稀紫笋多。

紫笋青芽谁得识,日暮采之长太息。

清泠真人待子元,贮此芳香思何极。

注:释皎然唐代诗僧,俗名姓谢,长兴县人,出家杼山妙喜寺,与陆羽至交好友。

《将之湖州戏赠莘老》

宋·苏轼

余杭自是山水窟,仄闻吴兴更清绝。

湖中桔林新著霜,溪上茗花正浮雪。

顾渚茶牙白于齿,梅溪木瓜红胜颊。

吴儿鲙缕薄欲飞,未去先说馋涎垂。

亦知谢公到郡久,应怪杜牧寻春迟。

鬓丝只好封禅榻,湖亭不用张水嬉。

注:苏轼,北宋文学家,书画家,字子瞻,号东坡居士,四川眉山市人,祖籍河北栾城。

《尧市山》

元·沈贞

款遏不骄堪代步,行行踏遍尧山路。

春雨散香吹暖花,风昼团阴弄晴树。

尧山寺前古木稠,吉祥寺里清苔流。

白头老僧出引客,共说前代成古丘。

顾渚山头生紫笋,先春金芽绿云隐。

黄犊开耕田水新,锦鸠唤晴谷雨近。

长城太守监贡新,朱幡皂盖笼阳春。

金盖山头树渺渺,金沙泉底珠粼粼。

江南三月春光好,黄鹂啼春杜鹃叫。

采茶儿女斑斓衣,招手抑揄使君笑。

押纲使者黄怕鲜,玉膏金屑玻璃泉。

乳花浮盌婕好手,雀舌泛鼎才人煎。

使君闲暇缘山走,谢公诸妓随前后,

村翁野叟迎使君,手折樱桃劝新酒。

我曾三五少年时,使君携我登尧祠。

酒闲风暄面生紫,一日经费千篇诗。

如今重来惊异世,山水凋零屋庐废。

举眸风景更愁人,对泣新亭周颐泪。

冷风激雨吹人衣,海棠无力胭脂肥。

临岐相别二三子,独自微吟乘夜归。

注:沈贞,字元吉,号茶山老人,长兴人,隐士,博通经史,尤于长诗。

《秋夜试茶》

明·徐祯卿

静院凉生冷烛花，

风吹翠竹月光华；

闷来无伴倾云液，

铜叶闲尝紫笋茶。

注：徐祯卿，吴县（今江苏苏州）人，字昌谷，弘治进士，曾授大理寺左副。

《顾渚采茶歌》（一）

清·臧廷鉴

顾渚名茶称紫笋，明月峡中夸上品。

清明寒食嫩条繁，火前雨后粗枝蠢。

李唐岁榷千万金，北山蔀屋诛求尽。

沩音瑞应出金沙，祭杀一毕灵泉泯。

惊愚骇从翔者谁，徒使居人恨生茗。

符牒纷然下水邮，蓬头跣足葛萝扪。

采采手鳞不盈掬，县胥索食但声吞。

更有江淮宋李溥，征茶一呼吏何愁。

挽船赫怒号茶纲，有产人家畏如虎。

前明定制旧流都，额虽轻省不如无。

荒榛欹壁疲筋髓，白门采石路辛劬。

《顾渚采茶歌》(二)

清·臧廷鉴

本朝安民免赋茶,水邨一带罢旗芽。

北山不辍耕农忙,晏然余力艺桑麻。

杜牧无劳吟瑞草,皇甫应悔赠栖霞。

我闻陆羽著茶经,陶人塑像作茶神。

袁高太守诗凄恻,曷不奉祀肃明禋。

穷乡食德由今始,但愿万古长遵足。

尧市山前听衢歌,一泓不涸金沙水。

注:臧廷鉴,清,长兴人。

紫笋文化以深厚的积淀,重新真实展现其丰富的内涵,正如秀美的顾渚山一样,山不在高,有仙则名。紫笋茶是顾渚山的瑞草,顾渚山因紫笋茶而名扬天下,顾渚山也孕育了悠久博大的紫笋文化。

顾渚紫笋因为陆羽推荐成为贡茶,得到皇室推崇,又特地设皇家贡茶院,加上地方官员、文人雅士的赞咏,更使紫笋茶名声鹊起。紫笋茶也非浪得虚名,以其良好的品质,成为延续几百年御贡的好茶,表明它与陆羽有分不开的茶缘。现在,大唐贡茶院供奉的陆羽坐像,受到游客的瞻仰膜拜,成为顾渚山大唐贡茶院的一个亮点。

2019 年的清明节前 3 天,陪同几位茶友、老师来顾渚农家,看看现场加工紫笋茶的传统工艺过程,观看全紫色的鲜叶在炒制时转变为全绿色的过程，加深对全紫芽茶的了解。而后又去参观大唐茶院时，茶友说，以前去湖州拜谒过陆羽墓，得知陆羽是在湖州完成《茶经》书稿。而从贡茶院介绍陆羽的资料看，说他在此地写《茶经》，这两地相差距离较远，哪个是陆羽写《茶经》之地呢？这疑惑也许代表了一些茶友的想法。我们从陆羽在长兴茶山的活动轨迹看，他到过顾渚山的好几个山岕，还涉足远行到安徽、江苏的茶山。从《茶经》中看，陆羽记载了各地、各州的许多茶山，这是他真实的工作笔记。陆羽约在 30 岁前，来到湖州杼山寺，结识了诗僧皎然，成为忘年之交，流离颠沛的陆羽也有了栖身之所，得以在湖州停留。皎然是长兴人，他知道家乡顾渚山里有好茶，指点陆羽到顾渚山寻茶、考察茶事，为陆羽写《茶经》找到了极好的考察茶叶基地。

我去湖州妙西，专程是为了拜谒陆羽墓（见图 3-10）。妙西镇苕溪边是陆羽后来居住写书之地，与长兴顾渚茶山相距 50 多公里。在唐代没有现在的高速、便捷道路，行程更远，路更难走。可想而知陆羽当年的艰辛，他从湖州到顾渚山里，一百多里地，得走上一天吧！肯定要在山里住下，若有茶事要做，会住上更多日子，这就有了陆羽在顾渚结庐种茶著书之说。顾渚茶山就是陆羽的工作场所，是他的实验基地。在这里，陆羽通过亲自动手种茶、采茶、制茶，把实践结果记录下来，把茶山环境一一记录下来，总结于《茶经》书中。所以说，顾渚茶山也是陆羽著写《茶经》的地方之一。在湖州，陆羽将在各地茶山的考察记录整理，记于书中，成就了世界

第一部茶书，顾渚山、紫笋茶载入书中流芳于世，成为世界茶人追寻的紫笋文化。

图 3-10　陆羽墓

第二节　文化茶旅在长兴

一、长兴的历史文脉

因为紫笋茶引领我走进长兴这方土地，按理说，我也只是一个过客而已。如果仅仅为了喝口茶，不至于如此痴迷走上几十年的长兴之旅。所以吸引我的不单是紫笋贡茶,还有与紫笋茶相关的历史、文化及长兴的山水人家。

早些年刚刚到长兴时,听徐君祥厂长讲述过一些紫笋茶的故事和长兴的历史风土民俗、地方的土特产等,这些都吸引我更多地去关注了解长兴,就像得到了一本引人入胜的经典小说,爱不释手,一页一页接着往下看。从林城到顾渚山,这一路都是沿着紫笋茶指引的路在走,好比旅行者按照路标一站一站走下去。

就这样,在长兴行走的时间多了,到过的地方也多了,从寻茶开始的旅程也延伸出去了。前文提到所走过的茶山,相当于人在旅途,不知终点在何方? 因为当你完成一个目标,找到了当年陆羽《茶经》中记载的某个地方,又会定一个新的目标,这就是旅行者的乐趣。而长兴则是文化茶旅最好的地方。这里有太多的历史遗留下来的珍贵文物,散落分布在山崖上的石刻,都是长兴的瑰宝。目睹千年以前古人留下的文化史迹,值得去追思,去回味唐时贡茶的韵味,欣赏古人留下的紫笋文化的诗篇。此时,再沏上一杯清香透亮的紫笋茶,你会感到杯中飘逸的是唐时贡茶的韵味,散发的是山林、野花和溪涧润泽的馨香,其味则深厚绵长,三饮过后,舒畅神清,旅行的疲劳顿消,这就是旅行离不开茶的缘故了。

近些年,不少旅游组队的拓展活动方式,不是单纯的游山玩水,而是在专业老师的带领下,去茶乡、茶山,以茶为引,去考察茶的生长环境,这样就领略了茶乡自然风光。然后在老师安排带领下去茶叶加工厂,了解茶叶加工全过程。这都是爱茶人喜欢的活动,它使我们既游览了山水风光,又可学到与茶相关的知识,有的还动手体验采茶、制茶的乐趣,这是在城里办不到的活动,是受城市人所欢迎的一种旅游活动,我们把它称之为"茶旅"。因为是为了茶而去的旅行增加了茶文化的元素,使旅行更有意义,是旅行与品茶的结合、旅游文化与茶文化的结合。

而在长兴这方宝地,就是文化茶旅的一处好地方。我在长兴的 40 年之旅,也正是以茶为目标,一路走来皆为茶。但茶不负我,品尝了好茶,又一一了解长兴的历史文化,游览了茶乡的自然山水风光也将历史文化和山水文化相结合,提升了旅游的文化内涵。说到长兴的历史文化,早的历史记载可溯及春秋时期,吴王阖闾使弟夫概居此(公元前 514—496 年)筑城狭长,故曰长城(即长兴),可谓源远流长,有深厚的文化底蕴。我也好比进了长兴的大观园一般,到了一些地方,还有许多地方有待去看看。

二、长兴出了个陈姓皇帝

(一)陈武帝故宫

长兴是一个藏龙卧虎之地,位于长兴县下箬寺乡有一个陈武帝故宫。这引出一段历史,即约在公元 557 年,南北朝时期,长兴曾出了一位陈姓开国皇帝叫陈霸先,史称陈武帝年号永定。这个故宫就是陈霸先故宫。

2008 年 10 月，在许建军引领下，我到长兴下箬寺，即陈霸先故宫参观。这里原为陈霸先故居，据说是陈霸先的出生地。志载"因陈故宫香火兴旺，南朝陈光大元年(567 年)诏立为天居寺；宋治平二年(1065 年)改广惠教寺；明洪武二十四年(1391 年)立为丛林，俗称下箬寺"。我当时看到的陈霸先故居是 1994 年 8 月 15 日重建的。整个宫殿茂砖笃鬐、盘龙翘角，宫顶二龙戏珠，门上龙飞凤舞，古砖铺地，富丽庄严。故宫正门上方树有一块匾额上书"陈武帝故宫"五个大字(见图 3-11)，出自原国民党要员陈立夫之手书。故宫内正中立有陈霸先塑像，塑像的背面写有"陈朝始皇陈霸先个人生平"字样，西侧是陈霸先一生经历壁画。

图 3-11　陈霸先的故宫(摄于 2008 年，现已改建)

陈武帝故宫内有古井一口。据史料载：陈霸先出生时，正值寒冬，而此井泉却热气沸腾，家人即以此泉为其浴身，故后人称此井为"圣井"。

圣井,系石砌井壁,深约 15 米,直径 1.5 米,其水面平于地面,井水清澈,终年不竭。1993 年县政府出资修缮,并新建圣井亭予以保护,还立有圣井碑(见图 3-12),其中提到《西游记》作者吴承恩曾担任过长兴县丞。我深感长兴真是地杰山灵,不仅出好茶,还有名人辈出。

图 3-12 陈霸先故宫内圣井(摄于 2008 年)

如今新建成的陈武帝故宫,是一座汉唐风格的宫殿,占地面积比原先的大了好多倍,高大的殿堂,方塔,形成一个组合的古朴的皇家帝宫,气势恢宏,紧邻 104 国道。长兴的大巴车进长途车站时,远远地可见高塔耸立。我们常去水口乡农家乐,客车经过多次,我就给大家讲述长兴出过的一位皇帝。新落成的,还未进去看过,不知里面和以前的故宫有何不同。

陈朝是一个以陈姓为国号的朝代,于是便有许多陈姓者来陈武帝故宫寻根认宗。至今故宫的大殿里展示着陈立夫、陈香梅等人在长兴寻根时的留影(见图3-13)。

图3-13 陈香梅女士寻根在陈武帝故宫的题字

(二)陈霸先简介[1]

陈朝皇帝陈霸先字兴国,小字法生,吴兴长城下箬里人,生于梁天监二年(公元503年),据传陈霸先身高七尺五寸(古制),自幼及长酷爱兵书、武艺,生活俭素自律,办事明达果断,为吴兴太守萧暎所赏识。萧暎任广州刺史时,即命其为中直兵参军,当时武林候萧谘为交州刺史,因治理无方,土人李贲联络数州起而造反进逼广

---

① 资料来源:陈武帝故宫《陈朝始皇陈霸先简介》。

州,形势危急。陈霸先即率精兵三千火速驰援,大败李贲,得梁武帝(萧衍)赞赏,授陈霸先为直阁将军,封新安子邑三百户。太清三年(公元549年)陈霸先受湘东王绎节制,与王僧辩讨平景候之乱任征房将军。西魏破江陵,汉元帝(萧绎)被杀,陈霸先与王僧辩在建康(南京)奉萧方智为梁王;大宰天成元年(公元555年)王僧辩另立北齐,扶植萧渊明为敬帝,为此陈霸先曾数次遣使者前去说服,王僧辩拒从。于是陈霸先水陆出军,攻陷南京,王僧辩被擒处死。重扶萧方智为敬帝,击败北齐进攻,受封为陈王。不久陈霸先代梁自立建立陈朝,年号永定建都建康(南京),陈武帝在位三年,公元559年6月19日因病逝世,终年五十七岁。

三、八都岕

(一)丝沉潭的传说

与陈霸先有关的另一处地方,在远离县城十几公里的深山里,名称"八都岕",这也是值得一看的地方。传说此地名的来历是,汉武帝刘秀为躲王莽追杀,在此深山里躲藏八次,故称八躲岕,后称"八都岕"。山岕深处有一碧潭,据说是陈霸先少年时在此钓鱼的地方。此潭深不可测,因有人用一斤重的丝线,一头缚上石块,沉入水里,一斤丝的长度还不够到底,可见潭深。故名丝沉潭(见图3-14)。

图3-14　丝沉潭在长兴八都岕

　　在八都岕农家乐时,曾听过关于丝沉潭的另一个传说。据说最初丝沉潭并非是潭,而是一座庙,出家人在此诵经拜佛,香火也较盛。有一天风和日丽,和尚在庙前的空地上摆了一席供品,举行佛事祭奠,快近中午时分,佛事进行到一半之时,不知从哪儿窜出一条大狗,只见它一下子跳到供桌上,叼起牌位就跑,先围着门口转了一圈,正在诵经的众人都一起来追这条狗,那狗又向山口跑去,所有的僧人信徒急忙赶往山口追去,等大家追到山口,忽然听到身后一声巨响,回头一看,庙堂不见了,却出现了一个碧绿的深潭,大家才恍然大悟,是那条狗救了大家,从此,那潭就一直到现在。此潭据说通往太湖,又称太湖泉,终年有水,天气再旱,此潭也不会干涸。

（二）八都岕的秋色

八都岕的美景除了丝沉潭,还有金秋时节的十里银杏长廊。这里的银杏树成片成林,年代久远,几百棵以上银杏树数不胜数,有的树龄甚至在千年以上。每当秋季,阳光下满树金叶闪闪,是八都岕最美的季节,引来四面八方游客前来观赏。

我第一次来八都岕观赏银杏金叶,刚好逢到好天气,蓝天白云,艳阳高照,银杏叶泛着耀眼的金光,十分漂亮(见图 3-15)。

图 3-15　八都岕银杏金叶

（三）八都岕的紫笋茶

八都岕也产紫笋茶，因地处大山里面，海拔较高，在山岕最底部有个柏家村，是几个山岕的中心，与周吴岕、长潮岕相邻，山上有古道相通。柏家村有个云飞山庄，是一对夫妇开办的农家乐，当家的老板娘姓柏，因从前开过餐馆，所以菜烧得很好吃。我和同事们就住在那里。那里靠近丝沉潭，风景也不错，还有个茶室，环境清静。我曾向小吴夫妇了解有关紫笋茶的故事，在闲谈中得知他们这里的长潮乡有一个刚重建的太子庙，我听了心里一阵激动，记得在 70 年代徐董事长在讲紫笋茶故事的时候，曾提到过长兴有一个太子庙，但后来被毁了。时隔 30 年，再次听到长兴的长潮乡重建了太子庙，那么这个故事并非杜撰和传说。我很想去看看，于是与云飞山庄的夫妇俩约好，下次专程过来去拜访太子庙。

按照约定，我再次来到八都岕柏家村云飞山庄，住了一晚，第二天早上，他俩用自家的小车送我去长潮乡。因为在 20 世纪 70 年代，长潮乡是长兴县内最早恢复紫笋茶生产的地方，我一直想到长潮乡看看。

从八都岕到长潮乡的路不太好走，必须先从柏家村开车出八都岕，走长兴的 318 国道，再绕过八三飞机场，转道长潮乡的小路，那时没通高速，近两小时才到长潮乡，他俩陪我徒步上茶山，指着一条铺有石块的小路，告诉我，这条小路直接通往八都岕柏家村云飞山庄。因为他们家承包了这里的几亩山茶地，以前就是从这条小路牵着驮农具的骡子，翻山到此地的。当年茶农们这般艰苦辛劳的种茶产茶，令我感慨万分。

他们告诉我，这就是主产茶叶的张岭，山上种植的都是茶树。我一眼望去，成陇的茶树如梯田一般，从一座山延伸到另一座山，连绵不绝。此处的环境与顾渚山稍不同，山势较高，茶山面积也大。山间的小路旁长有一些高大的树木，一路走来，迎面全是清新的空气，只闻风声鸟鸣，人的心情感到特别的安静惬意。

（四）张岭茶山

沿着张岭茶山的小道下山，在一个山坡的拐角处有一家茶叶加工厂，门前挂着张岭茶厂的牌子。他们告诉我，这是长兴生产加工紫笋茶的工厂。时值深秋，显然不是茶叶生产的季节，因此茶厂的大门紧闭，我也看不到具体茶叶加工生产的情况，只好在茶厂门前留个影。往常到长兴都是去顾渚山水口乡，因那里有我歇足的小屋，与那里的人也熟悉，有好多朋友。张岭确是第一次来，但这里有规模如此之大的紫笋茶种植生产基地出乎意料。我想待到春天一定要安排时间再来一次。

我随小吴夫妇继续赶路，目标是新建的太子庙。在长潮乡的小路旁有一座新建的二层小庙，楼顶有飞檐翘角，小庙占地面积不过几十平方米，乍一看不像佛教寺庙的模样也不知道供奉的是何方圣人。然而他们却告诉我，这就是刚刚新建成的太子庙。如此小而简的庙堂，我的心里有点小小的失望，但好在印证了多年前听到的关于太子庙的故事也算解了我的一个心结。

2017年春季，我在杭州茶博会的长兴展区，有幸相识了张岭茶厂的胡国华总经理（见图3-16）。他说张岭是长兴政府指定的保留紫笋茶传统品种的基地，并约我去张岭看看。2017年8月中旬，我约了几位朋友开车到胡总经理所在的茶厂，想进一步了解老品种紫笋茶目前的生产情况。胡总经理热情地接待了我们，并提出带我们上茶山实地看看。一路上山，我感觉是那么的熟悉，几年前八都岕云飞山庄夫妇俩带我上张玲茶山正是走的这条山路，那条通

图3-16　2017年杭州茶博会在长兴展区，结缘张岭茶场胡国华

往八都岕的山间小路依旧在那里，一点也没有变。我不得不感叹紫笋茶缘，让我再次走进这里。

2019年我又连着两次到张岭。第一次是2019年开春清明前（3月30日），因浙江省长兴精工电炉制造有限公司徐小龙总经理想在周吴岕茶山种植有机生态的紫笋茶，约请我一同前往考察。巧的是我在徐总安排青鸟岭雾民宿午餐时，却意外遇到了张岭茶厂的胡国华总经理。胡国华总经理热情地邀请我参观了他们新建的农庄式民宿、小水库。张岭茶场的山间小道还是那么小巧幽静，茶山依旧是一片绿色幽静，令人心旷神怡（见图3-17）。

图3-17　张岭茶厂茶园古道

第二次是 2019 年 4 月 18 日因受长兴县农业局邀请,与上海市茶业行业协会秘书长一行,参加"长兴紫笋茶茶王争霸赛"的茶事活动。在会议期间,县农业局领导亲自陪同我们参观张岭茶厂。在张岭茶厂里,我再次与胡国华总经理相遇。世界真是太小了,也许这就是我的紫笋茶缘。

去了几次张岭发现,其实张岭茶山与八都岕有许多相同之处,清静幽雅的生态环境、新鲜清纯的空气,对城市人来说就是天然的氧吧,都是茶旅活动的好地方。无论是张岭的青鸟岭雾民宿,还是八都岕云飞山庄,都远离城市的喧嚣,是茶旅休憩的好地方。住在那里满目油绿的茶山,清亮养眼。这些年来,长兴的旅游开发,结合茶文化资源,开辟打造了好几条古茶道和古茶山,让爱好喝茶的旅友们约上三五知己,徒步茶山小道,融进青山绿水,探访先贤古人,品味千年紫笋文化。

如时逢制茶季节,茶旅的游客除了品茶观景,更可参与采茶制茶全过程。近年来张岭茶厂向游客开放场地和设备,让游客既可以参观制茶的全过程,也可以亲自动手学习制茶、泡茶和品茶。

长兴的茶文化资源相当丰富,仅在顾渚山一带,从唐至今的一千二百多年的茶文化积淀,紫笋贡茶的文化都值得一一去探寻。紫笋茶文化之旅可以从大唐贡茶院启程,在那里可以了解紫笋贡茶的历史,茶圣陆羽的《茶经》在顾渚山的考察记录,以及唐代茶文化的礼仪,历代文人墨客留下的赞咏紫笋贡茶诗词;也可以对照《茶经》记载的地名,追寻当年茶圣陆羽寻茶走过的茶山小道,感悟

唐代紫笋贡茶兴盛场景(见图 3-18)。细细品尝陆羽认为"冠于他
境"的紫笋茶,亲口体验清香甘爽的茶味,其质感绵长润喉、齿颊
留香。

图 3-18　顾渚贡茶院遗址

如今的长兴,在国家经济政策的引导下,以紫笋茶贡茶为资
源,积极开发茶旅经济,新建了许多精品民宿,还有茶山古道(见
图 3-19),满足了旅游者的游憩需求,又增加了茶农的经济收益,让
生活更加美好。

图 3 - 19　茶山古道

四、罗岕茶

（一）罗岕茶的历史

还有一处茶山，似乎有点被冷落了，就是明代贡茶"罗岕茶"的产地——罗岕山。《罗岕茶记》是明代长兴知县熊明遇所著，记述了"罗岕茶"产于长兴县白砚乡罗岕村（现划归为煤山镇）。

2004 年起，在学习茶叶评审之间歇，买了几本茶书，多看了些茶书，看到《罗岕茶记》心想：我在长兴转了这么多年，怎么没听说长兴有罗岕茶,而且还是明代的贡茶。于是,在长兴时。多次询问相熟的茶友,结果都回答说:"不知道哎,罗岕山里茶叶不多的。"十多年了,始终记挂着罗岕茶,因罗岕离长兴县几十里地,也不方便去。

查阅《中国古代茶叶全书》,发现在明代就有多位学者的文章中记载了"罗岕茶"的产地、制法和鉴别方法等。

(1)明代万历年间的许次纾在所著的《茶疏》一书中较为详细地记述了岕茶制法。如:"江南之茶,唐人首称阳羡,宋人最重建州,于今贡两地独多,阳羡仅有其名,建州亦非最上,唯有武夷雨前最胜。近日所尚者,为长兴罗岕,亦即古人顾渚紫笋也……岕之茶不炒,甑中蒸熟,然后烘焙。"(明·许次纾,明万历二十五年,1597年)。

(2)明代万历年间的熊明遇曾任长兴县知县,他在所著的《罗岕茶记》一书中较详细地介绍了岕茶的生长环境、茶品的鉴别,以及藏茶、烹茶的方法。如:"茶产平地,受土气多,故其质浊。岕茶产于高山,浑是风露清虚之气,故为可尚。茶从初出雨前者佳,惟罗岕立夏开园,吴中所贵,梗粗叶厚有萧箬之气。"(明·熊明遇,明万历三十六年,1608年)。

(3)明代崇祯年间周高起所著的《洞山岕茶系》一书从唐常州刺史李栖筠与陆羽品鉴阳羡茶写起,把紫笋贡茶产地品种茶类分为一、二、三品及不入品(明·周高起写于崇祯十三年,1640年)。书中还抄录了卢仝的《茶歌》句:"天子须尝阳羡茶,百草不敢先开花。"

（4）明代崇祯年间冯可宾所著的《岕茶笺》一书中论及岕茶的采、制、焙、藏等内容。如，环长兴境，产茶者曰罗岕；不可指数，独罗岕最胜；洞山之岕，南面阳光，朝旭夕辉，云漋雾浮，所以味迥别也。

论及罗岕茶采收，如："雨前则精神未足，夏后则梗叶大粗。然茶以细嫩为妙，须当交夏时，看风日晴和，月露初收，亲自监采入篮。"

论及罗岕茶蒸茶，如："蒸茶须看叶之老嫩，定蒸之迟速，以皮梗碎而色带赤为度，若太熟则失鲜，其锅内汤须频换新水，盖熟汤能夺茶味也。"（冯可宾写于崇祯十五年，1642 年）。书中还论及了罗岕茶的焙、藏、烹茶之法，辨真赝、品泉水等之道。

由此可见，长兴的罗岕茶在明代时期，已被认为是茶中珍品，自然选为贡茶续贡。但毕竟罗岕与顾渚在不同的地域，想必也存在一定的差异。明代万历年间曾任长兴县知县熊明遇所著的《罗岕茶记》中说：罗岕茶"立夏开园，吴中所贵。"此句便道出了罗岕茶异于他茶之处。一般江南所产绿茶，都以明前为贵，雨前略逊；而立夏后采摘的茶叶称为夏茶，属粗茶，是卖不出高价的。那么熊明遇说罗岕茶却是在立夏开采为贵，这也许就是此茶的独特之处。也因此引发了我的一探究竟的想法。

2019 年经长兴县茶业协会钟秘书长介绍，认识了罗岕村的茶叶专业户佘梅芬女士，她寄给我一本《罗岕茶典》和一罐罗岕茶叶，感觉罗岕茶与紫笋茶的形与味很相似。同年十月国庆节期间,我又去了长兴,顾渚的老朋友小罗亲自开车,送我去罗岕村。这是我第一次实地探究罗岕茶异于他茶之行。这次我特地去拜访了佘梅芬,听她讲罗岕茶。

2020年仲夏,许建军开车陪我再次到罗岕村。那天下着雷雨,我们从山路盘旋至罗岕茶山山顶时,雷雨瓢泼荡涤群山,使罗岕茶山更显苍翠云蒸气势,在成片的茶树中有一些紫芽,点缀在绿色之中,显得格外亮丽。一路上佘梅芬告诉我,2017年的时候,这里的茶老板曾学着古书记载的方法,用先蒸制再烘焙的工艺试着做岕茶,但效果不理想。

古茶书记载的岕茶制作确实是先蒸后烘焙,其过程似乎是沿袭唐代紫笋茶蒸青的做法。这种制茶工艺从唐代至明代一直延续至清初,但随豁免罢贡后便消亡了。20世纪70年代,恢复生产紫笋茶,从长潮乡试种成功开始,继而在水口顾渚广泛推广。罗岕村与顾渚相距较远,目前加工茶叶的工艺,也与顾渚类同,只能说现在生产的罗岕茶其实和紫笋茶是差不多的,只是因产地不同,叫法也就不同了。那么为何史书记载的罗岕茶明显有别于紫笋茶呢?

两次上罗岕探寻明代的罗岕茶,为的是弄清楚其与顾渚紫笋为何不同,又不同在哪里。最终得出的结论:一是罗岕茶与紫笋茶种植的地域环境不同,受气候环境的影响罗岕茶的最佳采摘期在立夏;二是加工的工艺不同,因为制茶工艺直接影响茶的口感。所以我认为罗岕茶是一款已失传的历史名茶。若能找到罗岕茶的制茶工艺,再显明代吴中之贵的茶香、茶味,则是茶人们的福音了。

(二)踏遍茗岭只为茶

　　罗岕村地处苏浙皖交界的群山之间,是千年古茶山区,以前交通不便,如今的道路已大大改善,即将建成的高速公路,将连通江苏、浙江,到达茗岭就很便捷了。茗岭是我神往多年的茶山,陆羽著《茶经》考察茶事活动之地,玉川子卢仝也在罗岕村的洞山住过,是传唱千年的《七碗茶歌》作者。

　　循着古书记载,慢慢走进茶山深处,仿佛步入被历史尘封的古茶王国,这里有许多茶的故事有待发掘。

　　茶之旅,是一种有新意,回归自然的旅行方式,有赏景、有学习的内容,长兴离上海不到 200 公里路程,堪称上海的后花园。水口乡的农家乐已在全国有名,若是再结合紫笋茶文化的茶旅,想必也会吸引爱茶人的眼光,去寻觅唐时的茶文化。

五、长兴茶旅中的佛缘

　　40 年的长兴之路,也是一个茶旅之路,从长兴城到周边的小镇乡村,日新月异,旧貌换新颜。我目睹了小城的发展变化,就如看着一棵小树苗壮成长为繁茂的大树,心里会涌起一种特别喜欢的情感。若是看着一座小小的寺庙,伴随二十多年的岁月,发展成规模扩大好几倍,殿宇辉煌,宝刹高耸的恢宏气势,更会引起一阵小激动吧! 因为这棵小树的成长,我也为它浇过水,注入过我的情感。

(一)古寿圣寺

我第一次到水口乡寿圣寺是在 1998 年。那年的五一节假期,我和几位同事一起到水口乡游憩,先在陆羽山庄住了一晚,第二天上午游览霸王潭后到古寿圣寺。记得当年的寺院没有院墙,只有一座大殿(现在的三圣宝殿),在大殿的西南角有一棵高大的银杏树,树干挺拔直立;在大殿的西侧外墙处,有一堵断墙,残垣裸露的墙砖上能看到制砖时烧铸在砖上的"古寿圣寺"几个字。当时我在殿前留影,无意中记录下 20 多年前古寺的面貌(见图 3-20),照片中可以看到大殿东北处空地上有几株大小不一相拥生长的古银杏,中间一棵最为粗大,自然形成犹如"五代同堂"的奇特景观。古树雄伟繁茂,为古寺增添了古老肃穆的气氛。在《中国珍贵古树集》中对此有记载,此银杏树的树龄有千年以上。

古寿圣寺周围是青翠的竹林,曲径隐入其中。那时候进香的游人很少,古寺显得格外清静。

殿门外,面色红润而慈祥的方丈主动招呼我们入殿。殿门东侧的墙边有一块石碑,记载该古寺始建于赤乌年代。上海的龙华寺也是建于东吴赤乌年代,是同年代的,可谓历史悠长。

2019 年,我再次到古寿圣寺拜访界隆法师(古寿圣寺的主持方

图 3-20　1998 年 5 月 2 日首次到古寿圣寺

丈），他建议我再去看看古寿圣寺的碑文。该碑文上端镌刻的是
《重建寿圣寺三圣殿碑记》，记载了重建三圣殿的时间是在一九九
六年竣工的，那么我第一次来此时，该殿是刚修复的。同时我也看
到了碑文中所记载的古寿圣寺历经沧桑变迁、紫笋茶在唐代茶事
的兴起。碑文是这样写的："紫笋金泉齐扬名，鸿渐乐天醉茶艺，皎
然真卿结友行，文规杜牧赞顾渚……"廖廖数句，却是浓缩了唐时
陆羽在长兴顾渚山时的茶事轨迹，与当时著名的文人、刺史一起留
下了千古雅篇（见图 3-21，图 3-22）。

图 3-21　长兴县古寿圣寺

图 3-22　2019 年国庆节在古圣寿寺

（二）与界隆法师的情缘

我与古寿圣寺方丈界隆法师的情缘要从 20 年前说起。那是
2001 年的春季，我与同事一道乘坐长途车到长兴。在上海吴中路
西区汽车站上车，巧的是我的座位与法师正好相邻。法师问我：
"你们去长兴，知道那里的寿圣寺吗？"我说，知道，还去过几次，而
且每次去拜菩萨，都往功德箱里投香火钱。法师听后说，哦，你和
我都是与寺有缘之人，欢迎常来寺里走走。他给了我一张名片，从
名片上得知他是古寿圣寺的监院（方丈），法名界隆。

之后凡是我有事到长兴水口，便会去古寿圣寺敬香，因此也常
常能见到界隆法师。记得是 2003 年五一节，我再次到水口，带上
几位朋友入寺进香时，在三圣殿门口遇见了界隆法师，邀请他一起
合影留念，界隆法师爽快地答应了。这张珍贵的合影我一直挂在
紫笋苑内室，成为珍贵的记忆（见图 3-23）。

在 2006 年夏天，我又一次来寿圣寺进香，此时界隆法师正在
筹建修寿圣宝塔。界隆法师亲自陪我吃过斋饭，参观藏经阁，介绍
古寺的风水。最为难得的是我有幸瞻仰了寿圣寺珍藏的圆寂老法
师的舍利。

那晚，我留宿寿圣寺。晚饭后界隆法师与我喝茶聊天，向我讲述
佛门的戒律和佛教文化。第二天临别时，还亲自送我出寺门，并赠予
我两盒素斋月饼。他知道我因紫笋茶多年往返于上海与长兴之间，
意味深长地对我说："如人饮水，冷暖自知"，启迪我以平常心喝茶，去

图 3-23　2003 年作者与界隆法师在古寿圣寺三圣殿门前

品味喝茶的意趣和真谛,不必拘泥。他的这句话,我一直铭记在心。

　　我一直有写一本有关我与紫笋茶故事的想法,界隆法师得知后非常支持和鼓励我的这一想法。2019 年 7 月,我和长兴太湖会金恂华董事长一起到古寺拜访界隆法师时,带上我写的《紫笋茶缘》的初稿,请他提修改意见,并希望他能为本书题字,没想到法师一口应允,当即我拟写"明月清风紫笋茶",还说最好加一句,成为对联就好了(见图 3-24)。

图 3-24 2019 年 7 月 8 日与长兴县古寿圣寺界隆法师合影

　　2019 年 9 月下旬，我去甘南旅游，一路上参观了很多寺庙，灵感萌发，一句"梵音古刹寿圣寺"正好对上"明月清风紫笋茶"。我赶紧微信给界隆法师。

　　国庆后我按约定再次去了古寿圣寺，界隆法师十分谦虚大度，同意用毛笔为我的书题写茶联"梵音古刹寿圣寺，明月清风紫笋茶"。因他即将去北京中国人民大学学习深造三个月,茶联写好后会寄给我。同年10月28日晚上,法师将亲手书写的茶联拍照传给我(见本书序9页)。茶联用篆体书写,工整流畅,秀美遒劲,看到法师赐我的墨宝,很是激动,让我敬佩的是,法师将原上联中的"寿圣"二字改为"吉祥",纠正了原句中的平仄不当,由此可见法师深厚的文学功底。两天后,我收到了来自北京的快递邮件——界隆法师的墨宝:梵音古刹吉祥寺,明月清风紫笋茶。

如今长兴的古寿圣寺已有相当的规模,香火也很旺盛(图3-25)。20年来我见证了古寿圣的发展过程,这也是改革开放以来长兴县发展过程中的一个缩影。

图3-25 古刹花木深

现在的长兴再也不是一个交通闭塞的穷乡僻壤，无论是城市的现代化建筑群，城区的道路，规划成片的绿化环境，漂亮的景观大道，以及新兴的经济开发区、创建发展规模等都位列同级城市前列了。

六、岳飞场

现代化的高速公路，拉近了长兴与上海的距离。长兴除了紫笋茶。有许多人文景观和历史文化遗址，是当今的一处茶旅胜地。如闻名世界地质学上特有的长兴灰岩"金钉子"保护区，弁山碧岩风景区，仙山湖风景区等等，还有革命传统教育基地——槐坎新四军苏浙军区司令部遗址等，更有一处深藏不露的古战场。

为探究紫笋茶的历史，我多次去长兴档案馆查阅长兴县志等资料，有一次我在《长兴地名志》中看到与宋代名将岳飞有关的内容。《长兴地名志》中是这样写的：

> 岳飞场，山，位于小浦西北 5 公里，海拔 300 多米，山顶宽平，有地 300 余亩，山上有池、井，相传南宋名将岳飞曾练兵于此，故名。旗盘岭有一方石，岳飞曾在这下过棋。
>
> 缠岭山，位于访贤东北 6 公里，在互通山北麓，海拔

340多米,因岭上山道弯曲盘旋而上,故名。相传岳飞与金兀术鏖战于此,岭北奇堂庵前,当年岳飞拴过战马的白果树尚在。

将军山,位于访贤西5公里,与广德交界,海拔200多米,其左侧为白蚬岭,右侧为长青岭,是通往广德的必经之路,战略位置十分重要。

这对我而言真是个意外的收获。关于岳飞的故事,小时候在课文上读过岳母在岳飞背上刻字"精忠报国"的故事。在我的认知里,岳飞与金兵大战是在茫茫的草原,没想到在长兴的山里也有岳飞抗金的古战场遗址。于是我赶紧把长兴县志中有关岳飞场的内容摘录下来,想着一定要去山上找找看,看岳飞的练兵场和大战金兀术的古战场。

2020年10月23日下午,天气晴朗,小方开着他的面包车带我去岳飞场。

岳飞场属林场管辖,有专门的一看山人把守,一般的人不能随意进山。小方是当地人,比较容易沟通,经他与看山人说明情况后,我们顺利地通过了哨卡。小面包车沿着一条防火山路曲折上行,路面石块松散,杂草丛生,有的草甚至长得超过车轮高度。听当地人说,此岳飞场有三个山头相连,有一块大方石在树丛里,当年岳飞曾在大方石上下过棋。然而我并没有找到这块石头。相传南宋名将岳飞,曾在此安营扎寨,用滚石、陷阱重创金兀术,故名此山为将军山。如今这里已种了大片的茶树,虽说我没有找到具体的遗迹,但能在当年岳飞抗金的古战场走一走,也不虚此行(见图 3-26)。

图 3-26　2020 年 10 月 23 日登岳飞场山顶

第三节　　紫笋茶缘和为贵

一、茶人的乐趣在脚下

自结缘紫笋茶后,以茶为友,学茶之路逐渐形成以茶为主线的生活轨迹。茶成了我精神生活中不可缺少的一位良师益友。不管是一人独饮还是几位茶友相聚品茗,茶是联结共同话语的主角,其味融融,茶香怡人,茶为我们增添一份情趣,多一片温馨。

初喝茶时,只是为解渴,不知其味,或与友人闲坐聊天时,喝上一杯茶水,那时只知多放点茶叶,喝着浓浓的,带苦涩的茶汤,自诩为"爽"。而当有一天,喝到了茶的真香、真味时,才突然发现这茶味真好!体会到茶的回甘、茶的齿颊留香。于是一改喝过浓的茶汤,去寻找更好喝的茶,直到那一天遇到了紫笋茶。

几十年来,我钟爱紫笋茶,但不是独爱紫笋茶,其中缘由前面已经讲过。中国有这么多的好茶,有多种类的茶,都应该品尝,这样才能找到合自己口味的好茶,找茶的过程,也就是茶旅的脚步行走在茶乡、茶山,去欣赏不同的风土人情,品味一方水土养育好茶的过程。其中的乐趣是伴随着找茶的过程慢慢释放出来的,一旦找到好茶,即会有惊喜般快乐。

在紫笋茶乡,因茶结缘相识许多长兴的朋友,是他们帮助我在长兴、顾渚山了解学习紫笋茶的历史文化,这是"人和",是长兴朋友们的和气待客,热心相助(见图3-27、图3-28)。许多上海的同事、朋友们知道我熟悉长兴,请我带他们到长兴农家乐玩,每次我都陪同大家一路介绍长兴的历史、典故、紫笋茶等土特产。十几年来,我带朋友们去过好多农家乐,现在的长兴水口乡农家乐据说有近500家,有一个现象,我有点好奇,但也佩服,就是服务行业按常理说总会发生点矛盾,但是我从未看到或听到说在长兴农家乐发

图 3-27　第一次进狮坞岕,顾渚山茶农朋友
左:王祥红,中:方国良,右:汪国章

图 3-28　狮坞岕小憩,右为方国良先生

生客人与农家乐老板吵架的事情,这显示了长兴山里的农家人民风淳朴,他们深谙"和"气生财的道理,都是真诚热心待客,因而引来一批批的回头客人。长兴县政府也支持新兴农家生态旅游业,并进行规范科学的管理,成立了相关管理部门,涉及到食品卫生、住宿、治安等好几个方面,还全面铺设了污水管道,集中处理污水,为环境保护做了实事;为提高优化水口乡的农家乐环境,扩建了小路,沿路种植的花木四季不同色,路口还新建了景观点(见图3-29)。长兴的农家乐也多次在中央电视二台节目中得以介绍,可谓名声远扬了。

图3-29 獬狮坞——《茶经》中记载的古茶山之一

二、茶和天下

紫笋茶的风格,也尽显一个"和"字。紫笋茶香气幽雅,不显山露水,只是如兰的馨香融入在水中;紫笋茶汤清亮,近乎无色,有初到紫笋苑的朋友看到玻璃壶中泡的茶倒入公道杯中,只见汤清无色如白开水一般,会说:"你这茶泡了几遍了吧?"然而喝了一口,茶汤入喉,却又惊呼:"哟! 这茶真香,味道也好,还真看不出,不喝不知道,这么淡的汤色,茶味却很香浓。"这样又多了一位了解紫笋茶的茶友。

结缘紫笋茶,爱上了喝茶,也爱上了顾渚山。由此吸引我常去其他茶产地,更多地了解各地的名茶,从中去寻找好喝、品味好的茶。只有常在茶乡茶山走,向茶农学习,虚心请教,"和"字在先,尊重茶农,尊重茶乡的老师,才既能学到东西,长知识,又能品尝到好茶。

紫笋茶是产于长兴顾渚山一带,属于绿茶类中的传统名茶,是茶叶在生长过程中,吸收储存顾渚山区的生态环境良好的生物气息,得益于好山好水日月精华、云雾雨露的滋养,故品质优,算得上绿茶中的上品(见图 3-30)。绿茶的品种很多,有不少的传统名茶,在我的紫笋茶苑中也珍藏着绿茶中的几个名茶。这些名茶因气候、水土、产地不同,以及茶树品种不同,茶香茶味也不相同。各种不同的名茶是很值得品尝,细细品味的。爱茶不能局限只喝一个品种的茶,不能因为自己爱喝紫笋茶,而排斥其他茶,只要好喝,茶友接受,都可推荐。

图 3-30　野生顾渚紫笋茶

　　紫笋苑经常有国际友人来品茶,经常会问我:"什么茶最好?"这往往是初开始喝茶的国外的朋友(见图 3-31)。如果是国外的朋友问,我会以红酒为例,因为国外友人接触中国茶不多,但对红酒、葡萄酒很熟悉,我说:葡萄酒的品种很多,葡萄原料的产地、品种也多,一些欧洲国家有很多葡萄酒酒厂,如果以红酒举例,能讲出哪一个品牌的红酒最好呢? 因为产地、葡萄品种风味及加工工艺不同,个人饮酒爱好不同,很难说出哪个是最好的。就如中国的茶叶品种很多,产地的地域、环境和茶树品种差异很大,再加上加工成不同口味的茶叶后供应市场,也难以说哪个茶最好,百家茶百家风味,各取所需就是好的,自己喜欢的就是好茶。听了我这样解释后,国外的朋友们会有所领悟,喝茶的气氛也活跃起来,同时也增加了对中国好茶的理解。

图 3-31　德国科隆新闻学院的大学生在紫笋苑品茶

三、茶人的胸怀

所以,喝茶品茶不必纠结于某个茶的好坏,不可持个人爱好而排斥其他茶。茶人应该以"和"为先,包容各地的茶叶。天下好茶很多,尽可以放眼去寻找,喝茶的最大的乐趣之一就是找好茶。近几年,去武夷山参加海峡两岸茶业博览会多次,游览武夷山山水的美丽风光,又品尝到名扬天下的大红袍。武夷岩茶是武夷山地区特产的传统名茶,出自好山好水的优良生态环境的好茶,采用当地传统茶叶的品种,沿袭千年留传的加工工艺,精心焙制出岩骨花香的武夷岩茶。

在参加茶叶展会期间我去一些厂家实地访问一些制茶名人,聆听大师们的茶道之语,有一位大红袍制作大师的一席话,给我印象极深,也启悟我对茶的认识。如几年前我们一行20多人,到大师的茶厂访问,这位大师亲自泡茶招待我们,只见他双手同时熟练地泡两个盖碗茶,出汤后服务员配合将茶水分斟到我们的杯中。大师一边泡茶,一边告诉我们:"同一款茶,大家一起喝,但对茶的品质评价在座的每个人感觉会不一样,有人说好,也有人说不怎么好,这是很正常的现象,这是因为这与喝茶时,个人的身体状况、心情变化及个人的饮茶习惯有关。同一类的茶品质会有高低,但不代表是最好的茶,不要盲从去追求最好的茶。"(我只记得这段话的大意是这样)。按这位大师的名气,其公司的规模,完全可以夸夸自家的茶叶怎么怎么好,但是他谦和诚朴的话语,表达了一位茶界大师敬茶的大度谦和的胸怀,给我留下深刻的印象。

在武夷山博览会展会上宣传的广告,口号语很多,而最吸引人、鼓舞人的是"茶和天下"四个字。我也久久思索这四个字的含义,心想这位大师的朴实评茶,也是武夷山人对茶道"和"字的一种诠释吧!"茶和天下",天下茶都为国饮,都有共同的茶多酚,是所有茶叶中必有的对人体健康有益的成分。我国幅员辽阔,茶产地从南到北,地域跨度极大,各民族饮茶的民风不同,但都会寻找茶叶中那种真正的茶香和韵味,追求那入喉时刻的润滑和舒畅,体会那种饮后齿颊留香。在武夷山,听到最多的评茶是"韵"字,称之为"岩韵"(见图3-32),还有"岩骨花香"也是岩茶品质描述形容语,喝茶多年,我也真是体会到顾渚紫笋与岩茶有相通之处,也就是"韵"味,顾渚紫笋是绿茶,岩茶属青茶(乌龙茶类),是两个不同的茶类,但是相通的是"韵味"。

图3-32 武夷山上的摩岩石刻

武夷岩茶的岩韵追求的是一种茶的生长环境,所特有的山场气息,茶香中透出良好的茶味,入喉甘滑回甘好,有人说:"韵"是一种不可言传的特征,对初学品茶者而言,这就有点懵了。不可言传就是不好说的意思了,但我的体会是,可以言传,可以用异曲同工的道理来解释。好比我们进入音乐大厅,去听一场音乐会。如果演奏的曲子美妙动听,即使已停止演奏,听众还在回味刚听过的曲子,仿佛余音还在脑海里萦绕,也就是我们常说的"余音绕梁",这种体会和感觉,应该可以理解。

品茶也可当作在欣赏一曲美妙的音乐,一曲终了,余音仍在,意犹未尽。几年前,接待过一位新茶友,她是代别人来取走存放了几年的普洱茶。她第一次来紫笋苑,我也不了解她爱喝什么茶,正巧有泡好的紫笋茶招待她,她也客气地喝了一会茶,拿上普洱茶后便告辞开车离开,十多分钟后,她打电话过来问我:"陈老师,刚才喝的是什么茶,感觉茶香润喉,很舒服,有一种很特别的茶香啊!"我告诉她是长兴的紫笋茶,她说:"这茶真好喝,明年新茶上市时,一定要给我留好。"一杯好茶喉吻润,茶味留杯馨仍在,齿颊留香,生津回甘,这就是茶韵的含义,这也是我个人的理解体会。

四、岩骨花香

茶韵,多用于描述音韵(铁观音),岩韵(武夷岩茶)。我认为用到韵字的茶往往都是好茶,只有品质好的茶,才会体现出润喉香高持久的效果。这样又引出另一个描述茶品质的术语"岩骨花香"。"花香"两字容易理解,茶叶中的芳香物质,在加工时可转化多种香气。但"岩骨"两字会使人迷茫。我听到过有一位茶友,在冲泡一款大红袍,对另一位茶友说:"这大红袍的品质很好,岩骨花香就像喉咙里有骨头一样。"听此言我默默想,骨头梗在喉中的感觉是难忍受而痛苦的,我想此非骨头梗喉,而是指岩茶在武夷山多石的环境下,风化山石成沙土,茶叶在岩缝中生长,必定是吸收了岩石中的有机矿物质成分,与"上者生烂石"同理,使茶叶中的内含物质丰富,冲泡后,释放出的内含物质多,使茶汤稠厚,入喉润滑,滋味也更丰富了。这样的茶经得起冲泡,每一片山头的山石风化土壤有所不同,茶叶所释放出环境水土的生物气息也不同。我想,这就是所说的山场气息,也就是形成了岩韵的因素,这和顾渚紫笋一样,每个山岕里的茶叶也是味道不一样的,山野茶与田园茶的茶味品质也不同。2019 年春茶上市后,4 月上旬,我的紫笋茶苑来了一位日本东京的佐佐木真弓茶艺老师,她是高级茶艺师,喜欢中国茶(见图 3-33)。几年前,她来过紫笋苑品茶,这次由我在茶叶审评班的同学佐藤良子陪同来喝紫笋茶,老朋友又见面了都很高兴,品尝了几个不同品种的紫笋茶,临别买了点野山紫笋茶带回日本。两个月后,佐佐木真弓老师发来微信高兴地告诉我,她在 6 月 23 日主持的茶会中,品尝紫笋茶的效果很好。她微信中说:"泡的茶水(指顾渚紫笋茶)清澈透亮,油稠一点,有兰花香、蜜香,这使大家十分惊讶,都说,从来没喝过这么好喝的茶!茶会成功了!"有好喝的茶,其喜悦之情可以想象,佐佐木真弓老师的评语中"稠"字即是指茶汤中内含物质丰富,有厚度,也就是岩茶所描述词的"骨",茶才会更显示"韵",慢慢释放出来,因此岩茶的"岩韵"和"岩骨花香"是相互关联的。

图 3-33　日本佐藤良子老师(右 1),日本佐佐木真弓老师(中)

我总是爱把茶叶比作为储存器,是因茶叶具有特有的吸附功能。说到茶叶的吸附功能,想起了桂花紫笋。

几年前,长兴的茶老板向我推荐一款桂花紫笋茶,说是刚做好的秋茶(长兴的茶山里,以前会少量做一些秋茶,现在很少有人去做秋茶了)。那是秋天桂花盛开时候,我想象中的桂花紫笋茶是用新鲜桂花与紫笋干茶拌和在一起,采用窨花技术加工而成,就同茉莉花茶的加工工艺一样,心想也正好了解一下花茶加工过程。到了长兴,坐下后赶紧沏了一杯桂花紫笋茶,少量的秋紫笋茶也是用手工加工而成,芽叶细瘦一些,冲泡后,茶叶色泽青绿,竖立杯中,感观也很好。此时,淡雅飘逸的桂花香沁人心脾,有一种秋风拂金桂的感受。可好奇的是干茶或茶杯茶汤里不见一粒桂花,我忍不住就询问,这茶叶里怎么找不到桂花,不是拌在一起窨花的吗? 茶老板说:"不用这么麻烦,就是像春茶一样加工的,只是这批茶叶的茶山里有许多高大的桂花树,茶树生长在桂花树的下面,桂花开的时候,满山都是桂花香,茶叶吸收了桂花的香气,这几天采摘的茶叶,就会有桂花香味了。"

我真叹服紫笋茶叶的吸收本领,几天内就把桂花的香味储存起来(见图 3-34)。我们都知道茶叶香气形成,是茶叶内在丰富的生物物质,在加工时受温度或发酵过程中变化而形成多种香气。而这

图 3-34　紫气东来(野生顾渚紫笋茶)

杯桂花紫笋中的桂花香则是茶叶直接吸收并储存在叶片中,冲泡时,有释放出淡淡的桂花香,所以我说这茶叶真是象一个储存器。

　　茶叶慢慢地把它周围生态气息储存起来。若是周围山上土壤贫瘠,植被稀少,水枯味差,即如果此茶不能吸收好的丰富的物质信息,生成的茶叶就不可能有"韵味"了。紫笋茶的"稠"与岩茶的"韵""岩骨花香"是有相同的含义。都是指茶汤有厚度,内含物质丰富,所形成的品饮口感明显。紫笋茶是绿茶,明前的紫笋茶采摘是一芽一叶,与乌龙茶采摘标准不同。滋味以鲜爽为主,若有厚度,则对茶产地的环境要求更高。佐佐木老师讲紫笋茶汤的"稠"也是不多见的上品茶。几年前,有一次上海市茶叶学会的张扬老师,因去虹桥机场接机,时间还早,就到紫笋茶苑喝茶,我刚好有一款野山紫笋茶,取小玻璃壶冲泡,俩人慢慢品尝,第一遍清香,茶水稍淡,第二遍茶汤入口即甜感,觉得茶汤的厚度润滑,三四遍后我俩一致认同有喝薄米汤的感觉,茶汤清澈透亮;泡到第六遍的茶汤还不觉得寡淡,仍有淡淡的紫笋香。这紫笋香,是顾渚紫笋特有的茶香,冲泡几遍后仍有淡淡的茶香,说明茶香持久。紫笋茶香的特点是茶香融入水中,喝一口即有齿颊留香的感觉,而且茶香幽柔如兰花香是天然生成的本香。含天地之灵气的茶香,没有加工工艺形成的香气,难怪有茶友说紫笋茶香如森林中的花草木香,这香气自然舒服。此次品紫笋茶留下印象最深,因为好茶是可遇不可求的。茶叶毕竟是手工加工的农产品,想再找同样的茶是很难的。张老师叹服紫笋茶的香气汤色滋味,但也以专业审评师的眼光指出紫笋茶的不足之处，就是干茶的外形还不匀整，可能是手工揉捻的关系，如能使外形更加匀整就更好。

从紫笋茶的"稠"到武夷岩茶的"韵""岩骨花香"都是反映出茶的内质好，茶汤入口甘滑，这也不用言传，自己多用心喝茶，多喝、多比较，时间久了，自然就能体会出来，就能从中收获喝茶的乐趣。

从走进长兴，结缘紫笋茶，来往于顾渚山，都是以"和"为先，虚心求学，得到许多朋友们相助，以至再走出长兴，走向更远的茶乡，也是"和"字会友，结缘更多的老师、茶友，在此谨表示我的感恩之心，谢谢关心我的老师、兄长、朋友们。祝愿所有的朋友们吉祥和顺！生活幸福！

第四节　长兴古茶山地名示意图

一、探寻茶圣的足迹

近 20 年来，无数次行走在顾渚古茶山区，并远涉宜兴与长兴交界的山岭，想多了解一些紫笋茶在唐代的历史与文化。在《茶经》中陆羽记录了一些地名，使我产生了去探寻茶圣当年的古茶山之念，走走古茶道。我对照长兴的新老地图，按《茶经》所记的山与岭一一寻访。

　　《茶经》的版本因出版社不同，各版本的年代不同，所记的地名也略有不同，因年代久了，唐代时的地名与现代的地名也不同了。通过查《长兴县志》《长兴县地名志》（见图 3-35），再到山里访问当地居民和茶农，热心的朋友开车陪我再走古茶道，指正我绘的路线图，对我帮助很大。此时，实地走在茶山小道，感受采茶之辛苦，也从中探寻紫笋贡茶的历史轨迹。茶圣寻茶的线路正是苏浙皖茶叶黄金三角区，我绘制的长兴古茶的地名示意图也是为喜爱紫笋茶的茶友们，以及有兴趣重走陆羽当年的茶道、茶山的茶旅活动提供小小的帮助。

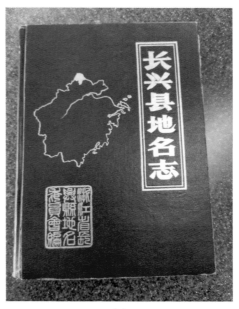

（a）

(b)

图 3-35 《长兴县地名志》

(a)《长兴县地名志》封面　(b) 版权页

二、长兴古茶山地名考

（一）顾渚山谷

顾渚山谷指顾渚山周围的几条山岕都是顾渚紫笋的古茶山基地，顾渚山又名顾山，山桑、獳狮两坞即在这一带，现称叙坞岕和狮坞岕。走进古茶山的岕口有长兴县政府建立的石碑，镌刻地名及《茶经》中记载的相关内容，供游人了解历史。

在叙坞岕里还有小岕旁支如山桑坞（叙坞岕），还有方坞岕，往东南方向还有一条山岕，叫石坞岕即漫石坞，是唐代有名的山岕。因为当年陆羽在这里尝置茶园，所以在石坞岕的入口处，也有一石碑,上刻:漫石坞陆羽置茶园处。

以上几个山岕、古茶山,都在顾渚山附近,即现在的大唐贡茶院周围的山里,小车可通达山脚下;进入山岕的小路,有些经过整修,铺有石阶,有的仍是原始土路,仅能步行。

顾渚山谷里的山岕较多,有的相互通连,对于山岕的路不熟悉的话,易走叉道,最好是请当地熟悉山道的居民作向导。

十多年前,长兴县政府在顾渚山区的山岕口,建立了四块地名指示石碑,分别是:①漫石坞(石坞岕)陆羽置茶园处;②山桑坞(方坞岕)古茶山;③獳狮坞(狮坞岕)古茶山;④斫射山(老鸦窠)古茶山。这四块石碑为茶人提示这里是古茶山,陆羽《茶经》里多有记载。在这范围的古茶山里有很多野生茶树,即顾渚紫笋茶的主要核心产区。

(二)白茅山悬脚岭

关于白茅山悬脚岭,不同的版本有不同的说法,有的版本上写着"天目山白茅山悬脚岭",我认为可能是长兴与宜兴接壤,周围的山属天目山余脉,往西山势渐高;往东则临太湖而止,写天目山,所以有可能是指这一带山区。白茅山是唐代的地名,现在已改名白猫山,"猫"与"茅"从发音上是相通,也许时间久了,白茅山便写成白猫山,但这有待专家学者的考证。著名的悬脚岭,即在此山脊,位于两省交界处(文中有介绍),是浙江省长兴县煤山镇的尚儒村和江苏省宜兴交界。

（三）啄木岭即廿三湾

啄木岭即廿三湾，也是位于长兴与宜兴交界处，岭上有重建的"境会亭"，是唐代湖州刺史（太守）为督造贡茶，在亭中休息、品茶议事的地方。新亭旧址，贡茶古道也由此向水口方向延伸，一路的山岭即为葛岭坞岕，也是古代紫笋贡茶的产区之一。近两年，长兴水口乡金山村在进山入口处，建一座高大的石牌坊，上书"贡茶古道"，四字，周围建了"境会草堂"及草棚凉亭、石桌石凳等，颇有古风野趣。因而它成为到此村农家乐玩的游客们新的活动场所，饭后来此散步，拍照留影。沿着小道上山，可走到廿三湾（啄木岭），是江苏省和浙江省的分界岭，山的北侧是江苏宜兴的邵家村。岭下有一甘泉，用劈成两片的毛竹，从山上引甘洌的山泉，集水处旁边的大石上刻"金沙泉"，山里人家用此山水，为登山游客提供喝茶休息小坐。

廿三湾的古道也有几条分叉路，其中可通达悬臼岕、"霸王潭"景点、宋代摩崖石刻即在此处。有兴趣走走这条贡茶古道的茶友，可预先策划好登山路，做好准备工作，最好有熟悉的向导带路，避免走错路。

（四）青岘岭

青岘岭位于槐坎西六公里，海拔 200 多米，山脊以分水岭为界，岭西属安徽省广德县。据《长兴县志》载："青岘山在县西六十里,高一百十丈,周二十里,生箭箬霜雪不凋。"陆羽云:"青岘竹木二山,茶味与寿州(今寿县)同。"

(五)乌瞻山

乌瞻山位于县城西北 24 公里,海拔 483.3 米,方圆约 10 公里。据《长兴县志》:"乌瞻山有二岭,在县西三十里,高八十丈,周二十里,峰峦秀拔,最为陡峻,亦宜茶,名云雾……"

乌瞻山是陆羽《茶经》中记载过的地方,2020 年 11 月 11 日,约请小方驾车前去探访,往槐坎方向,途经一座较大的合溪水库,到达乌瞻山山脚下。我们沿着一条狭长的土路上山,走了一段山路后,离主峰还远,山上植被丰茂,有大片的竹林和大树。我们在一大片野茶树前停步,竹林间,石涧(枯水时)旁边的野生茶树长势很好,摘了几片十几公分长的大茶叶,这里也是唐代即有的古茶山之一。

(六)茗岭

茗岭位于煤山访贤北偏西 6 公里,海拔约 500 米,为江苏与浙江的界山,因产岕茶而得名(见图 3-36)①。茗即茶,据陆羽《茶经》和明冯可宾《岕茶笺》:"阳羡(宜兴)茶,其产地在茗岭"。

---

① 茗岭指示牌上的岭字是繁体字嶺的不规范写法。

图 3-36　茗岭

茗岭南侧为浙江长兴煤山镇的罗岕村,小车可行至茗岭古道入口处,步行石径小道,行程七华里(3.5 公里),到达茗岭头,是两省分界;往北下山行程八华里(4 公里),到江苏宜兴张渚的岭下村。所以,此条古道有上七(里)下八(里)之称,此条线路是两界山农砍伐毛竹等劳作行走之道。

(七) 凤亭山伏翼阁飞云、曲水二寺

凤亭山伏翼阁飞云、曲水二寺,这在《茶经》中记得很明白,只是这凤亭山在哪儿? 现在的地名叫什么山? 为此,我走访了山里几

位朋友，多方打听，没有人知道。再查阅《长兴县志》《长兴县地名志》均无结果（手里的几张地图里均无凤亭山）。

而《茶经译注》（宋一明著）第69页："……凤亭山伏翼阁飞云、曲水二寺，《嘉庆一统志》卷二八九：'凤亭山在长兴县西北四十里，陆羽曰茶生凤亭山伏翼阁者，味同寿州同，即此。'《明一统志》卷四十：'伏翼阁在长兴县西三十九里，涧中多产伏翼。'伏翼阁当在此处。飞云寺、曲水寺《太平寰宇记》卷九四：'飞云寺在县西二十里，高三百五十尺。南朝宋元徽五年（477年）置飞云寺。'曲水寺具体不详。"

这是我在手绘地名示意图中，最后一个要确认的地名，在寻访无果，感到失望之时，竟有意外收获，真是皇天不负有心人。

2020年夏天，为了解罗岕茶，两次去罗岕，车行途中，无意中看到公路边写有飞云寺的指示路牌。七月暑夏，循导航指示，在位于长兴煤山镇的大干岕，找到了飞云古寺。古寺坐落在山岕深处，附近没见有人家，显得清静冷寂，院子里正在施工重建殿堂，寺院的外墙上挂了两块飞云寺的简介标牌，细细一读，这里正是陆羽当年记下的"飞云、曲水二寺"，欣喜之余，用手机拍下全文作为学习了解这段历史的资料。

飞云寺有1500年历史了，几经战乱毁损，仅见三株高大的银杏树尚存（见图3-37）。银杏树枝叶繁茂，成"品"字形栽植，远远望过去，犹如三枝高香矗立在天地之间，见证了古寺的千年沧桑。

图 3-37　千年云飞寺的银杏树

　　寺院里的一位居士,为我们介绍了古寺的历史文化及留存下来不多的文物。我问居士:"曲水寺在何处?"居士告诉我,最早的时候,飞云和曲水是分开的两个寺,后来重建时,合并为一寺,即飞云寺了。谢过居士后,为重建古寺,聊表添瓦之力。

　　此行收获真大,为完成自绘"长兴古茶山地名示意图(局部)"(见图 3-38),标注出陆羽在《茶经》中记录的古茶山地名,画上了圆满的句号。

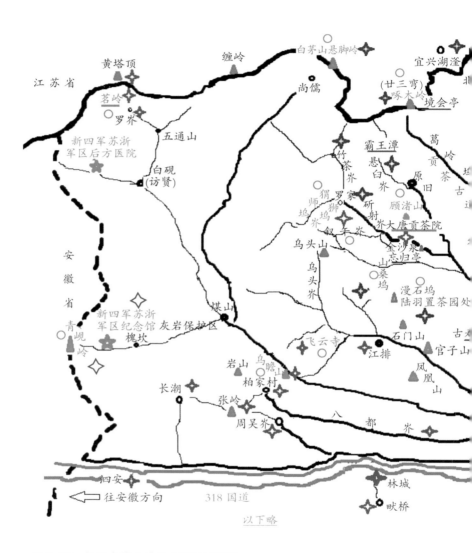

图 3-38　长兴古茶山地名示意图(局部)

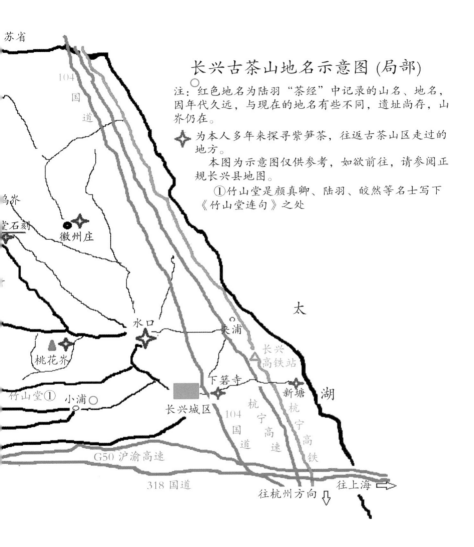

长兴古茶山地名示意图 (局部)

注：○ 红色地名为陆羽"茶经"中记录的山名、地名，因年代久远，与现在的地名有些不同，遗址尚存，山岕仍在。

✦ 为本人多年来探寻紫笋茶，往返古茶山区走过的地方。

本图为示意图仅供参考，如欲前往，请参阅正规长兴县地图。

① 竹山堂是颜真卿、陆羽、皎然等名士写下《竹山堂连句》之处

最后以拙诗一首作为此回忆录的结尾

春到长兴四十年，
寻得佳茗乐忘归，
茶圣评誉冠他境，
千年御贡茶中魁，
漫步古道竹径幽，
悬脚啄木两境会。
顾渚茶山访仙踪，
结缘紫笋和为贵。

中 篇

陋室品茗和重阳抒怀

品茗茶室紫笋苑

第四章　紫笋苑茶香

第一节　陋室听雨

一、闹市中的一片静地

在闹市的一个角落,有一个清静的小屋,那是我品茗养花的地方。这里原来是一座陈旧的玻璃花房,种着一些盆景花草。近年来,我自己动手稍作改装,辟出一方静坐品茗之地,自谓是自得其乐。闲暇之余或朋友来访,沏壶清茶,品茗聊天,另有一番情趣。室内一张自制的杉木长桌,摆上几把山里的竹靠椅,墙上有知名书画家的墨宝。杉木条、竹片搭配成山里人家的院墙,简陋而不俗。到了夏天;院子里可看到刚结在藤上的青葫芦、青吊瓜;秋天,吊瓜红了,葫芦熟了,乡土味十足。来过这里的茶友都说:"想不到大城市里会有这么一个清静自然之地,犹如到了山里人家,挺有野趣天然的味道。"

图 4-1　紫笋苑内种的葫芦

图 4-2　竹刻对联：字为已故民间书法家张建雄所书，作者镌刻

在通往后院的移门两边，有一对粗大的毛竹竹刻，那也是我自己撰句镌刻的一对茶联，也正是我多年喝茶的心得。上联是："听雨声如磬清心无我"，下联是"观翠芽似笋怡神有茶"。有茶友询之：此联何意？我答：当我一人在花房里莳花弄草时，若逢到雨天，因花房有许多漏雨处，此时，只能静坐一隅喝茶休息。此时，常听着雨声变化，当雨渐停，雨水滴落在花盆花瓶的积水中，发出的叮咚之声，犹如寺庙里清脆的磬声。我若有所悟：人生如雨、磬声、雨声，聆听之时，清新寂然。人生多像一场雨，有大雨、小雨，有暴风骤雨、有微风细雨……终究是从天降落到地面。把自己化入雨中，听着雨声嘀嗒，自会清心无我了。再看看眼前杯中清香飘逸的紫笋茶，茶芽青翠如笋尖，似兰花摇曳，令人心旷神怡。无我之中，有茶相伴，那也是最大的福分了。

二、茶香不怕巷子深

有位茶友说：此联禅意很深。我也不懂禅，以后慢慢领悟吧。"斯是陋室，唯吾德馨。"这是香港《号外》杂志社的一位记者，3年前来此采访后在杂志上注释这里环境引用的一句名言，记者这样描写：花房的边上是一间会客茶室。它和整个城市繁忙高速的节奏形成了强烈反差；身处其中，围绕在朴素的花香和书法字画的风雅氛围中，简直是一种令人难以想象的浪漫……（香港《号外》2005

(1):156-161.)

(b)

(a)   (c)

图 4-3 香港《号外》杂志
(a)《号外》期刊封面   (b)《号外》拍摄的紫笋茶苑照片
(c) 发表在《号外》的文章

　　来喝茶的朋友中，有茶叶界的老师、专家，也有好多茶友、书画家，还有许多从欧、美、澳洲和亚洲东南亚各国的朋友，有百多人次来此坐过品茶，有些喜爱中国茶叶的外国朋友，会很认真地看了有关茶书来询问中国茶知识，也有的是看看怎么泡工夫茶，或是边喝边了解中国几大类茶的区别和特点。几小时的品茶、聊天都感到意犹未尽，希望能再次前来。有两位初次到中国的法国青年，来这儿喝茶后非常愉快，回国后在他们的网上介绍了在上海的喝茶经过以及留下的美好印象。

茶这一神奇的国饮,有着深厚的文化内涵,又有丰富多滋味的口感、香气,饮茶使人心情愉悦,有益健康,提高修养。茶是中国特有的,也是世界共有的,茶文化不分国界,茶文化的传播可促进世界人民友好往来、促进文化交流,语言不同并不影响品茗的交流,一壶好茶,能联想起共同的感受,融洽一团和谐的气氛。

有人说,是什么吸引这么多外国朋友来这儿喝茶呢? 是因为这里有好茶,这里有朴素自然的中国风格的环境,有茶叶学会老师教给我茶文化知识。

茶香溢四海,友情连五洲,深巷中的陋室"紫笋苑"同样可以成为弘扬中国茶文化的一个小驿站,为传播茶文化尽一份茶人的力量。

第二节　茶和天下

一、紫笋茶的第二故乡

如果说长兴顾渚山是紫笋茶的故乡,那我这里的紫笋苑则是紫笋茶的第二故乡(见图 4-4)。就好比我常把长兴比作是我的第二故乡一样,紫笋茶来上海时间最早、最多的地方就是我的陋室。

这里有紫笋茶家乡的许多物件,最多的是竹制品,除了老竹椅,还有一些竹刻的对联和竹刻百茶图,此百茶图是我已故好友民间书法家张建雄先生自创风格的一百个茶字,我花了半年多的时间,自己手工镌刻而成。现成为陋室一宝(见图4-5)。

图4-4　紫笋苑牌匾

以前我在紫笋苑后院种过吊瓜、葫芦,现在移栽了长兴水口山里的野小竹,如今已形成小竹林了。竹叶婆娑,春天还可以品尝小竹笋。院墙大门上方是山里人常见风格用杉木条搭的门楼,乡土味十足,横匾的三个大字"紫笋苑"是著名书画家周京生老师所题。还为我书写了"明廪茶文化工作室"。周老师的墨宝为我的陋室增添了传统文化气息。紫笋茶是这里的主角,不管是接待新茶友品尝,还是相邀茶界的前辈老师们一起品尝几种紫笋茶,都会一致认为:这(紫笋茶)不愧是贡茶,确实是好茶!

图 4-5　竹刻"百茶图"字为已故民间书法家
张建雄所书,本人镌刻

　　有一次。茶叶学会的何月瑛老师、倪焕凤老师约我在紫笋苑里做一个紫笋茶专题讲座,来听课的都是茶艺队队员,想了解紫笋茶。因为他们以前从没有听说,也没有喝过紫笋茶,十多位茶友围坐一桌,大家看着杯中舒展的茶叶如朵朵兰花、香气如兰、滋味甘甜,都说这茶真好喝! 有缘在上海喝到真正的顾渚紫笋茶,都非常高兴。当即有几位茶友买了些带紫笋茶回家给亲友们分享。

紫笋茶缘

在市职业培训中心、市茶叶学会主办的茶艺和茶审课上讲茶文化历史，和茶圣陆羽的《茶经》时，就会有介绍到唐时的贡茶——顾渚紫笋的内容。但紫笋茶的知名度并不高，而且上海的茶叶市场上也不见芳踪，但茶叶学会的老师在介绍学生到紫笋苑品尝或买一点紫笋茶作为考试用茶。不出上海，可以品尝唐代贡茶的韵味，多多少少可以了解一点紫笋茶了。

来紫笋苑喝过紫笋茶的茶友，有的会带新的茶友来品尝紫笋茶，或听人介绍慕名而来。来的这些茶友慢慢地形成了一个共识，即去长兴不一定能喝到好的紫笋茶，要喝好的紫笋茶，去找天山路上的陈老师。他那里有好的紫笋茶。我听后十分感动，这是茶叶学会的老师们和茶友们对紫笋茶的高评。

紫笋苑似是陋室，却有好茶待客。它吸引了众多茶友前来品茶，也带来各种问题，我以我所知一一答复。也有的茶友会告诉我自己喝紫笋茶的体会。所以紫笋苑也是品茶交流的好地方，成了我20年来推荐介绍紫笋茶的一个平台。

日本东京来的小林是一位高级茶艺老师，到紫笋苑品尝紫笋茶。她是这样评价："有的绿茶名气很大，刚冲泡时，香气很浓，但冲泡二三次后，茶香就明显降低，滋味马上变淡了，而紫笋茶就像一位温柔的女子，慢慢地不急不火，其香气隽永持久，齿颊留香。茶水柔细，淡淡的甘甜中带着鲜味"。这位茶艺老师生动地描述了紫笋茶的品质与其他茶的区别。日本来的茶艺老师们还特别喜欢紫笋苑的简朴的茶桌、竹椅和竹刻书画，她们说："这里装饰简朴，比不上许多豪华富丽堂皇的茶楼、茶坊。但紫笋苑茶室简单自然的风格，有原味山里农家的感觉。在这个环境里喝茶，会觉得亲切舒服。当然这里最好的，还是你用心泡好的紫笋茶，这在那些豪华茶楼是喝不到的。"

二、寻茶找茶的乐趣

以紫笋茶为主线的茶缘，让我爱上茶，又沿着这根主线，延伸走向更多、更远的茶山。作为爱茶人，必定会爱去茶山，去看看自己所爱之茶的生长环境，去了解一下茶叶的品种及加工工艺。往往在一个产茶地，会有多个品种和等级不同的茶叶，从中找到适合自己口味的茶，这是找茶过程中带来的乐趣，当然会有点辛苦，但是茶会给你惊喜，给你回报。当你把茶叶带回家，静静坐下品茶时，你会回忆起茶山、茶树，想起那熟悉的气息，从而会产生一种亲切愉悦的心情，好比是通过自己的劳动，所收获的成果更为香甜一样。

在学习茶叶审评课期间，老师们给我们授课，并给我们介绍了各地的名茶。老师讲的六大基本茶类，似乎在一一召唤我，触发我产生去各地产茶区走走的想法，当想法付诸行动时，使我看到了茶叶世界的博大，尽管到的地方也是茶海之一角，但至少已走出原来的点和面，扩大了涉足茶海的范围，由此方知我国还有那么多的好茶和壮美的大好山水。在茶产地，手捧一杯茶，结合老师在课堂上讲的内容，细细品味，此时会感到旅行疲劳顿消，体会到天地间的茶之韵，其乐无穷，不同的茶山，其茶味不同，也正是这个原因，引导我沿着茶缘走向茶的远方。

（一）安溪铁观音

福建安溪是铁观音茶的家乡，是著名的乌龙茶的产地之一。2006 年 10 月，秋茶制作期间，我跟随景岩茗茶的林志成先生，去安溪学习，林总带我去他家乡的茶山走走，参观茶农加工铁观音的过程（见图 4-6）。第一次看到做铁观音的工艺，十分兴奋，拍了许多照片，回到上海，可以看看照片，回忆林总一家的热情招待，陪我去景区、茶山考察，晚上坐在家门口欣赏闽南语的社戏。这是一段美

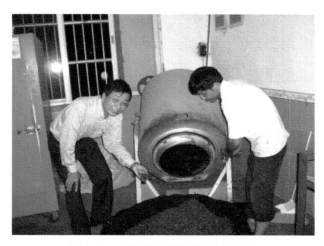

图 4-6　在安溪了解铁观音加工工艺

好的时光,始终不忘印在脑海里,还有刻在记忆里的是无法用相机拍下来的,就是住在林总家里时,所嗅到的楼房内空气中弥漫着的那阵阵幽兰之香。

那是我到林总家的第一天,安排我住二楼房间,当走上二楼时,感觉到整个走廊间都是幽雅的兰花香,心想是在做茶吗?问了林总夫人,她告诉我,他们一家都在上海,此房间就是借给老乡用的,最近是做茶叶的季节,提前告知了老乡,我们要回来住几天,于是三天前就停了,不做茶了。

但是这香气从何而来呢?原来在这房间的第三间是面积较大的客厅,被当作铁观音鲜叶的发酵室,另一间还放着一台手动的摇青设备。一走进发酵室,好比是进入兰花房,还真是满屋生香!因窗户关着,拉着窗帘,茶香慢慢地从门缝中渗逸到走廊间,使茶香弥漫了整个走廊。我惊诧这茶香的持久,在林总家住了四个晚上,白天去茶山,或安溪的茶叶市场,只要回到住宿的地方,就会进入到这清雅的茶香之中。这使我想起在长兴山里做茶时,鲜叶在摊晾萎凋后产生的香气,也是这样清香如兰,但在安溪,铁观音的香气似乎更浓郁些。

我把铁观音茶带给长兴、安徽的朋友,他们都喝惯了绿茶,初喝到铁观音茶,对铁观音的香气大有疑惑,说:"这个茶加香精吧?怎么会这么香呢?"我把在安溪的亲身经历告诉朋友,解释其茶香的生成是茶叶发酵过程中所含的物质发生变化所致。铁观音茶不用加香精,这是我在安溪茶乡身临其境时得到的感受。

上海不是产茶区,不过在松江佘山,有少量的茶叶栽培,产量很少。在20世纪70年代,我在上海黄山茶叶商店买到过一次"上海龙井",色泽翠绿,干茶形如龙井扁平。我问营业员:"龙井茶产在杭州,怎么会是上海龙井?"营业员回答:"这是松江佘山种植的茶叶,故称为'上海龙井'。"在2000年,我去松江佘山附近访友,听友人说,佘山是有茶叶的,但量少,很少有人知道。我也是久违了,再也没有喝到过佘山的茶叶。

近年来在上海金山区,也试种成功一片茶园。听说此种茶人也是一位爱茶人,在上海种茶也真不容易。

(二)初上雅安蒙顶山

在2000年起,我转行经营茶叶之后,一直想多了解一点茶叶产地和有关茶叶的信息,每年去几次长兴顾渚山茶区,一方面是为了解紫笋茶,另一方面也做点紫笋茶生意,但是要了解六大基本茶类,还是需要亲自去各地的茶山做实地的考察。尽管我的一些客户需要的蒙顶黄芽、甘露等,多年来都是从雅安快递到紫笋苑,但我一直想亲自去蒙顶山看看,毕竟巴蜀地区是我国茶叶的发源地之一,产茶历史悠久,有多个名优茶。

2009年我决定和女儿一起去四川雅安。机票订好后,我却有些担心,第一次到雅安,行程的安排心中没底。也是茶缘之福,我想起有位来紫笋苑喝茶的朋友,听说我有雅安的茶,就给我留了一个他表弟的电话号码,对我说,若去雅安,有事可以找他表弟龚浩。

我赶紧找出电话号码，抱着试试的心情，拨通了龚老师的电话，我报上了他表哥康征的名字，并告诉龚老师，我想去雅安蒙顶山，了解雅安的茶叶情况。龚老师一口答应帮我联系。

过了几天，我将飞机到成都的时间再告诉龚老师时，龚老师说："你们过来吧，已经联系好了相关的老师，还可以去他的茶叶加工厂看看。"我一听，赶紧道谢，心中的一块石头落地，没想到龚老师安排如此周到。

我和女儿乘飞机从上海至成都，再由成都乘汽车到雅安汽车站，龚老师开车来接我们。他个子不高，有点清瘦，却很精神，说话慢慢的，龚老师是川农大有秀才美称的文笔高手，是四川农业大学实验厂的厂长。

龚老师边开车、边客气地向我们介绍雅安的市况景点等，送我们入住雅安宾馆，晚上又陪我们去当地农家餐厅品尝久负盛名的雅鱼名菜。龚老师和他夫人和蔼可亲地热情招待，给我们留下温暖美好的记忆，我们与龚老师素昧平生，初到雅安陌生之地，遇到热心的龚老师是我终生难忘的福缘。

第二天早上，龚老师开车接我们去见四川农业大学茶学系何春雷教授（见图4-7），到了茶厂，何教授已在茶厂等我们了，龚老师作了简单的介绍后，就去学校上班了。何教授很热情地欢迎我们父女俩造访，陪同参观了茶叶加工车间，当时茶厂正好在加工蒙顶甘露，何教授详细地为我们讲解甘露绿茶的制作工艺及甘露茶的品质特征。然后，我们在何教授的办公室喝茶，何老师是研究茶叶生物化学的专家,他从专业的角度,分析各类茶叶的香气形成、滋味变化等,我一边品尝,一边细细体会,这是一对一的授课,是专家在给我上课,我感到幸运极了。和何教授也是有缘,我们一见如故,相谈如老熟人一般,何教授热情和蔼,边喝茶边讲解毫不保守,没有高大上的架子,使我毫无局促紧张之感,我是想到什么问什么,何教授也一一解答,在轻松欢愉的气氛中,一上午的时间很快就过去了。

图4-7　在雅安与四川农业大学的龚浩老师(左),何春雷教授(中)合影

中午,龚老师约我们来一起去吃午饭,原计划是龚老师开车送我们去蒙顶山的,我说:"哦。龚老师,我们下午还是再喝茶吧,还要多请教何教授哪!"这难忘的一整天的喝茶听课,使我又进入了一片茶的新天地。这里有红茶、黄茶、绿茶,还有藏茶(黑茶类),在

一天的时间里,我学习了解四大茶类的知识,又是听专家讲解,这是茶佑我,是茶缘,让何教授接纳了我这个来自千里之外的陌生客,是因为茶把我们连在一起,共同的爱茶语言,共同的探讨话题,使我们成了好朋友。

何教授知道我们要去蒙顶山,对我们说:"明天上午我送你们去蒙顶山吧,名山县我有一位亲家朋友,也是经营茶厂的老板。"这样,我又多了一位蒙顶山的茶企老总朋友。

翌日上午,何教授开车送我俩到蒙顶山茶区入口附近,约好了下午再来接我们。我和女儿步行上山,时值早春三月,这里的气温高一些,走到半山腰,只见茶园连绵看不到边,采茶工正在采茶。山上的梨花正值开花时期,只见满树的白色梨花,阵风吹过,片片梨花如飞雪飘洒,仿佛是下了一场雪,十分好看,到了山顶,俯瞰远方,群山起伏,云蒸霞蔚,一条不知名的河流,如玉带般蜿蜒在山间,阳光照在河面上泛出耀眼的光芒,几声鸟鸣打破了大山的沉寂,风光旖旎的蒙顶山令人心旷神怡。

在山上看了前人留下的茶园、古树、古迹,拜谒茶祖吴理真像,看看传说吴理真手植的七棵茶树,坐下喝一杯传统加工的蒙顶黄芽,品味"扬子江中水,蒙山顶上茶"的意境,找找感觉。后坐缆车下山,看到山坡茶叶地上有不少冠名单位、企业木牌的茶园,显得蒙顶山茶的珍贵,这许多木牌也成了一道风景。下山时去参观了茶叶博物馆,在茶叶分类、全国名优茶栏目中,看到了熟悉的名字——顾渚紫笋,颇有他乡遇亲人之感。

到了下午约定的时间,何教授开车送我们去名山县拜访他的亲家朋友"蒙顶七株茗茶业"周文玖总经理。周总当过兵,有军人豪爽之风,亲自带我们看他的茶店和加工茶叶的地方。

在我第二次去雅安时,在周总的公司学习了解蒙顶黄芽的加工工艺。因市场的需求,蒙顶黄芽加工工艺也有所不同,有传统黄茶工艺,也有改良后的轻微发酵(闷黄过程)的工艺。在周总那里也学到了上海看不到的东西,就是一方水土一方茶的真理,也就是值得去茶山走走看看的理由。当然,还有一项收获,就是欣赏茶产地的美好风光。

从 2009 年第一次去雅安至今已十多年了,雅安蒙顶山的茶缘让我相识了龚浩老师、何春雷教授、周文玖总经理,后来我又多次去过雅安拜访他们。在蒙顶山茶山看到学到的茶知识也是我学茶之路重要的经历。长了知识,喝到好茶是到蒙顶山的收获,更有意义的是多了相知的好朋友,在此感恩帮助我、指导我的老师、茶友。有了成都到雅安的茶之路,看到了川西的苍茫、壮美的大好风光,也引起我多次参加到成都的川西之旅,领略川藏线上,藏区的异域美景,还有雄伟的雪峰、旖旎辽阔的高山草原,这也是以茶为引,带我走向远方。

(三)寻茶路在脚下

2015 年 5 月,在茶友高庆宏先生(上海高览茶文化传播有限公司经理)组队带领下,参加福建省福鼎品品香茶业有限公司组办的茶学活动。福建福鼎号称"中国白茶之乡",品品香茶业有限公司

创立于 1992 年,是集茶叶种植、加工、销售及白茶文化推广为一体
的省级农业产业企业。图 4-8 为大家前往太姥山白茶种植基地参
观学习,每人手植白茶树苗一棵时的留影。

图 4-8　在太姥山栽种白茶树苗(中左 2 为高庆宏;左 3 为作者)

2016 年 1 月我专程前往广西昭平县亿键茶业有限公司参观学
习。亿健茶业有限公司创立于 2005 年,他们生产的有机绿茶名声
远扬,全部茶叶来自有机茶园;他们依托中国农业大学、华南农业
大学、广西茶业研究所等为科技研究背景,是有机绿茶的种植、加
工、包装、销售与科研的现代化茶叶生产企业。在那里,茶叶专家
吴伟林专门陪同我参观他们种植有机茶的茶山(见图 4-9),并详细
地介绍了他们产品的种植和茶叶加工技术,以及有机绿茶的特色
和市场定位等,让我受益匪浅。

图4-9　茶叶专家吴伟林先生(左)向我介绍有机茶产品

2018年9月4日,我带上紫笋茶专程去山东泰安拜访山东农业大学茶学系的黄晓琴副教授,向她学习中国茶的鉴品之道。黄晓琴副教授是硕士生导师,那天她热情地接待了我,还请来了她的几位硕士研究生们一起品尝我带去的顾渚紫笋,并对紫笋茶做出了较高的评价(见图4-10)。

多年来,我经常去各地的茶叶产地参观学习,既看到了新的茶叶品种,也学到了很多中国各类茶的有关特色等知识,有时也会选择几个品质好的茶叶带回紫笋苑。这样在紫笋苑接待国内外茶友时,可向他们展示中国多品种的好茶,让他们品尝和了解中国各类名茶的特点,让国际友人更多地了解中国茶和中国的茶文化。

（a）

（b）

图 4-10　拜访山东农业大学茶学系
（a）与黄晓琴及她的学生们品紫笋茶
（b）与山东农业大学茶学系师生合影（右 1 为黄晓琴老师）

三、陋室品茗传扬中国茶文化

紫笋苑接待了许多国外的朋友,这茶缘是我女儿的功劳。女儿陈凌一毕业于上海大学英语系,现从事文化传媒的翻译及拍摄、制片等工作,有时她接待国外一些知名的摄影家及一些国家的电视台摄制组等在中国各地拍片结束后,就会带这些国外的朋友来紫笋苑喝茶,一是放松一下心情、解除拍片的疲劳,二是可以让他们了解一点中国的茶文化。中国茶的魅力,也确实影响了这些国外友人,他们都为品尝到好茶而高兴,有的朋友再次来中国时,又会到紫笋苑喝茶,或拍摄喝茶的场景。

本章第一节陋室听雨中讲到,有两位初次到中国的法国男、女青年,来这里喝茶后,非常愉快,回国后,在他们的网页上介绍了在上海的喝茶经过及留下的美好印象。没想到时隔十多年后,竟又联系上他们了,随着岁月的脚步,他俩已成了一对夫妇,生活在巴黎附近。他们听我女儿说我在《紫笋茶缘》中提到他俩在紫笋苑喝茶的经过,他们很高兴,同时又回忆起那段难忘的时光,并写下了对当时在紫笋苑的美好印象,以及品中国茶的感受,将写好的短文,寄给我女儿翻译成中文,这也是中国茶走向世界,联系各国朋友的一个小小插曲。

德国科隆新闻学院新闻系,近十年来,每年会安排十几位学生到中国实习,其中一堂课,就安排在紫笋苑内上,听我讲解中国茶文化的知识,他们一边看我冲泡各类的茶叶,一边品茶,一边听我女儿翻译,直接品味各类茶叶的不同品质口感。有些学生也会提出一些问题,对茶叶的求知欲也很高,我也一一解答。在介绍绿茶品种时,我大多是讲紫笋茶,冲泡后的紫笋茶,其清香鲜爽甘甜,深得学生们的喜欢。在这里除了品中国茶,还有一项学习的内容,就是了解一下中国的书法文化,我也请来书法家,现场为学生们演示书法,用毛笔书写学生中国名字(见图 4-11)。

图 4-11 德国科隆新闻学院新闻系师生在紫笋苑上课

现在定居美国纽约的张文婷女士,也是一位爱茶人。十多年前,她来我茶室喝茶非常喜欢紫笋茶的清香和滋味,也对紫笋茶的历史文化很感兴趣。在美国,她注意到,近几年,美国有许多人喜欢喝中国茶了,还兴起办茶室、茶店。张女士在这些店里,没见到有紫笋茶,于是她产生了一个想法,就是要把紫笋茶介绍给她周围的美国朋友,想通过讲解紫笋茶的历史,让更多的美国朋友了解中国的茶文化,品尝中国的好茶。

为了亲自体验,了解紫笋茶相关产地环境及紫笋茶品种的加工情况等,张文婷女士在回上海的日子里,安排出一天的时间到长兴茶山考察。2018 年夏天,她冒着酷暑,登上古茶山,走了几个山岕,我请当地茶农陪同,在竹林山涧旁,观察野山茶的分布,讲解紫笋茶的特征(见图 4-12)。

图 4-12　陪同美国茶友张文婷女士在叙坞岕古茶山(李光来先生拍摄)

张文婷女士回美国后,把带回去的紫笋茶以及在长兴茶山拍的照片,与美国朋友分享,并在她个人的网站上专题介绍长兴紫笋茶。在她的茶室里,朋友们纷纷夸赞这紫笋茶清香好喝,都被紫笋茶的茶香茶味吸引,再听张女士的生动讲述到茶山的经历及紫笋贡茶的历史,增加了对中国茶文化的了解。张文婷女士听说我在写《紫笋茶缘》一书,专门写了文章,介绍她在美国纽约的茶室,紫笋茶香已飘越万里,芬芳在美国的茶盏,中国古老的茶文化也在异国展现其深厚的文化积淀。她的文章见本书第八章一小节中的《紫笋茶在美国》。

2015年夏天,美国OKGO乐队来上海演出。美国流行歌手Damien是乐队的主唱演员,他的父亲也一同前来。到上海后,听说我女儿这儿有传统的中国茶室,他很感兴趣,提出想来品尝中国茶,征得上海主办方领队的同意,选择演出前空档时间,陪同老先生一起到紫笋苑。

Damien的父亲还很了解中国茶,知道有六大茶类,提出想品尝一下六种不同的茶,客人的要求,应当满足,紫笋苑一直有六大类基本茶类中的名优茶。于是逐一冲泡:顾渚紫笋、正山小种、蒙顶黄芽、铁观音、白毫银针、普洱茶。同时也一一介绍各茶的品质特征,老先生非常高兴,细细地品尝着每一款茶,几位茶友也都一起舒心轻松地度过了一个下午茶时光。

临别前,我外孙也来凑热闹。在一起合影时,客人们的笑容,说明对此行喝茶是很满意的,虽然语言不通,但是中国茶特有的茶香、茶味,不需用过多的语言表述,也说明中国茶越来越受到国外人士的欢迎,这也就是茶的魅力——影响世界的东方神奇树叶。

甘霖润万物,茗声播五洲。茶无国界,"紫笋苑"的紫笋茶随着众多的茶友、国外友人走向世界各地。

这里也有几位摄影大师前来品茶,美国《国家地理》杂志的著名摄影家——麦可·山下先生多次到过紫笋苑,一边喝茶,一边拍摄品茶的镜头。

麦可·山下先生是美国《国家地理》杂志的著名资深摄影师,他的摄影作品及制作的纪录片,曾获得国际上许多专业奖项,以关注亚洲地貌与传奇的史诗报道著称。紫笋苑也收藏了麦可·山下先生的几本摄影大作,如《郑和》《马可·波罗》等。

2013年麦可·山下先生的摄影专辑《寻访香格里拉,探索失落的茶马古道》一书,在上海书城首发,我有幸得到麦可·山下先生的赠书,很是激动(见图4-13)。摄影大师的作品的确是与众不同,精美大气。每一张图片都是引人入胜、震撼迷人的视觉效果,他以专业特有的目光,捕捉记录下川藏线上壮丽神秘的美景,令人窒息。他拍摄的高原雪峰、大山中的盘山公路、寺庙经幡的取景角

图4-13　与美国《国家地理》杂志摄影家
麦可·山下先生在上海书城合影

度,精心布局,创作出最美画面,以及抓拍藏民的动态表情是那么精准,神态自然,展现出麦可·山下先生的精湛艺术。

麦可·山下先生真是位经验丰富、阅历广泛的旅行家。他拍摄的从雅安到西藏的茶马古道、318 国道段,那时候的道路艰险,泥土路,弯道多,上下坡度起伏多(我在 2014 年走过那条路),加上气候多变、高原的缺氧状况,更是对身体和意志的考验。他拍的翻越折多山公路的照片(山口海拔高度 4 200 多米),必须徒步上山到更高的点,才能拍摄到折多山远处蜿蜒的盘山公路。我两次到过折多山山口,体会到缺氧的滋味不好受,更别说再往高处爬山。真是敬佩麦可·山下先生。他为了追求完美的场景画面,以不畏缺氧,坚韧吃苦的毅力,去完成他每一帧作品,付出的真是他的心血和生命!

在麦可·山下先生的这本书中,瑰丽壮观的风光,神秘的茶马古道吸引鼓舞了我,我也多次再走川西之路,也只是走马观花、匆匆而过。麦可·山下先生介绍的茶马古道已成为遗迹。我非常感谢麦可·山下先生赠送的有关茶马古道的介绍和珍贵的照片。

美国国家地理杂志还有一位摄影大师贾斯汀先生,也来过紫笋苑(见图 4-14),贾斯汀先生抓拍的上海都市平民百姓的生活专集,很有时代感。现在看起来,有些镜头是留在我们记忆中的了。他对人物的拍摄非常专业细致。他在少林寺住上一个多月,记录下少林武僧的许多练武场景,一种呼之欲出的灵动感,显示出贾斯汀先生捕捉人物动态的水准很高,对光影的处理相当到位,使少林武僧在照片中栩栩如生,彰显力量。

　　贾斯汀先生知道我爱茶,他特地从台湾买了品质很好的台湾乌龙茶送给我,还请台湾的茶老板,用毛笔在茶叶的外包装纸上,书写汉语礼节用语,给人一种纯朴、亲切之感。

图 4-14　美国《国家地理》杂志摄影家贾斯汀先生在紫笋苑

　　2008 年 10 月贾斯汀先生来紫笋苑喝茶,拍摄了一些品茶照片,本书作者简介照片,就是贾斯汀先生为我拍摄的。

　　陋室品茗 20 年,茶香招待八方客。自己初尝紫笋茶时,绝对没有想到要把紫笋茶推介到世界其他国家,让国外朋友也喝上紫笋茶。我想也是这么多年来紫笋茶优良的品质和它深厚的文化积淀,感化了喝茶人,而深巷里的紫笋苑只是提供了一个平台。一方茶桌,一壶茶,茶室简朴,不失风雅,在这里喝茶气氛温馨,来自世界各地的友人,虽然语言不通,但是有好茶作为纽带是连接大家的沟通与交流的桥梁,都会品味出茶的清香,茶汤滋味的变化甘甜。

当我们围坐茶桌,同饮一壶茶,茶汤注入每个人的杯中,此时茶香飘逸,不管是有名望的艺术家,还是正在读书的学生,都在同样品味中国茶的谦和、清寂,回味茶的真味中所含的自然气息。茶和天下,中国茶的魅力会使大家的心情愉悦,茶以其深厚的文化积淀和丰富的韵味,升华为一种祥和、益智、健康的饮料,成为世界三大饮料之一,受到越来越多的国外友人的喜爱(见图 4-15,图 4-16)。

图 4-15　老同事、民间书法家牟惟泰先生为美国导演
Daniel Kannedy 书写纪录片片名

陋室品茗,与茶友们一起,共享饮茶带来的乐趣,也使自己静心摒弃杂念,与紫笋茶对话的时光,是最美妙的。"观翠芽似笋时,正是清心无我处。"

图 4-16　与意大利摄像师 Francesco 回看摄像效果

第三节　茶香永续①

一、职业转型的引路人

　　刘启贵老师是原上海第三届茶叶学会副理事长兼秘书长,是上海茶界的资深老茶人。他在全国的茶事、茶文化活动中,也是一

---

　　① 　此文为纪念上海市茶叶学会创建人之一,茶叶学会前秘书长刘启贵先生而写。部分已刊登在《上海茶业》2019 年季刊,总 147 期。

220

位知名度很高的专家,我国的许多茶产地,都留有他的足迹。2019年10月刘老的突然病逝,震惊茶界的茶人,他的同事们及他的学生们无不悲痛万分。刘老师几十年从事茶业工作,晚年也一直为茶文化传播耕耘不息,他俭朴、谦和、真诚待人,热心助人的清正茶德,当为茶界楷模。

回忆与刘老师相识、相知的经历,追思与刘老师携手共访茶山,同饮一壶茶的温馨时光,心中充满了对刘老师的无比崇敬怀念之心。是他所领导的上海市茶叶学会,让我从一个只知品茶、爱茶的普通人成为一名具有专业知识和能力的茶叶评审师,在职业上成功地从一名厂医蜕变成一名真正的茶人。我视他为我的职业转型的引路人。

2005年4月11日的《新民晚报》刊登有一篇关于紫笋茶的小文,作者署名是刘启贵,引起了我的关注(见图4-17)。因为我从1976年开始关注紫笋茶,一直以来对与紫笋茶有关的文章、资料特别的喜爱。2005年的时候,知道紫笋茶的人还是很少,专题介绍紫笋茶的文章更少,刘老师的这篇文章写得很专业,一看就是一个熟悉和了解紫笋茶的专家,我把这篇文章收藏起来,也记住了刘启贵这个名字。

在2004年底,我有幸参加茶叶学会组织的茶叶审评学习,系统地学习茶叶审评的专业知识。从2004年12月至2009年3月,我学习了初级、中级和高级茶叶审评的全部课程,并取得了相应的资格证书。2005年8月,我加入上海市茶叶学会,成为其会员。那

图 4-17　《新民晚报》刊登刘启贵的一篇短文《紫笋茶》

时刘启贵是上海茶叶学会的副理事长兼秘书长，经常组织各类茶叶评审和考察活动，我也因此与刘启贵老师熟悉了起来。

每次遇到茶叶学会召开年会，或在吴觉农纪念馆①召开纪念活动，我总会积极主动地承担一部分会务工作，如落实会场布置的鲜花采购等，为此刘老师多次向我表示感谢，感谢我为学会尽义务。

---

① 吴觉农（1897—1989）著名农学家，我国现代茶业的奠基人；著《茶经述评》；吴觉农纪念馆在上海嘉定百佛园。

除此之外我与刘老师也没有更多的接触。

在他退位以后,我与刘老师的交往就多了起来。他常常会约几位年长的学会资深茶人,到我的紫笋苑喝茶。每次他们都会各自带上特色的品种茶样,品茗评茶,相互交流我国各地的茶叶的信息,而我则以紫笋茶招待他们。因在上海茶叶学会专门学习了茶叶评审课程,我也能用专业的术语,行话与茶界老法师们在一起交流品茶心得,聊聊茶界和茶叶的市场信息,这对我来说又是一种难得的学习和提高机会。渐渐地,在他们的影响下,我对中国各地的茗茶用感官鉴别的水平也有所提升,对紫笋茶特质的认知也随着上了一个台阶,同时与刘老师的感情也更近了一步。

二、大唐贡茶院拜谒茶圣

刘老师亲切地称呼我小陈,他知道我为了紫笋茶经常去长兴各个茶山与当地的茶农实地探讨紫笋茶的历史、文化,以及能从色、香、味、形四个方面较为全面地评价紫笋茶的茶品质量。尤其是到紫笋苑喝茶后他对我在紫笋茶方面的研究给予了充分的肯定,他对我说:"顾渚紫笋是唐代的贡茶,是有深厚历史文化的好茶,小陈坚持多年到长兴钻研了解紫笋茶,非常有毅力,我们能在这里喝到品质很好的长兴贡茶,是件很高兴的事。"

有一次在紫笋苑喝茶时刘老师对我说:"以前因工作忙,各种茶文化活动多,虽然去过好几个省市的茶叶产地,但是长兴的贡茶院还没有去过,作为一位茶人,应该要拜拜茶圣陆羽的。现在闲下来了,如大家有兴趣我们可以一起去长兴实地走走。"刘老师认为我对长兴熟悉,行程就由我策划安排。于是,我与何月瑛老师商议制定了具体的去长兴的日期、行程、住宿,以及去参观的茶山线路等茶旅方案并向刘老师汇报确定出发的时间。

2012年11月底,我们一行人早上从大宁茶城出发,先到达长兴桃花岕茶厂,茶厂的小余经理热情接待了我们,陪我们去茶山走走,深秋季节,那天天气晴朗,刘老师心情特别好,也许就是茶人与茶的情感吧!我们走到一条山岕,全都是黄金芽茶,阳光下,只见茶叶一片金黄,非常醒目好看。在茶厂休息室里,余经理招待大家品尝紫笋茶,又拿出一包黄金芽茶,请大家分享。泡在玻璃壶中的黄金茶,叶形优美,呈浅金黄色,汤色清澈,茶汤清香鲜爽,大家第一次品尝,都很高兴。刘老师说:"天台那里最早研究开发种黄金茶,天台的茶友多次约我去天台看看黄金茶,一直没时间去,想不到今天在长兴喝到了黄金茶,而且品质也很好,真是幸运的茶缘啊!"

告别了小余经理,我们来到大唐贡茶院。贡茶院已建成好几年了,坐落在顾渚山下,山上植被繁茂,翠竹婆娑,簇拥着汉唐风格的建筑群,远山群峰蜿蜒起伏,葱茏氤氲,环境清静秀美。主体最高建筑是"陆羽阁",下方的回廊壁上有许多介绍唐代茶文化和陆羽《茶经》相关的内容。刘老师一路逐一认真阅读铭文,登上陆羽阁,在陆羽座像前,刘老师神情虔诚,合十膜拜,情景感人。一位从事茶业几十年的老茶人,以他对茶叶的至爱,对茶圣的敬仰,虔诚地拜谒茶圣陆羽,完成他心中的愿望(见图4-18)。

图4-18 陪同上海市茶叶学会老秘书长刘启贵老师(右1),
在大唐贡茶院茶圣陆羽像前合影

两天的走访茶山活动结束时,刘老师认真地说:"此次长兴行,一是完成了我的心愿,作为一名茶人要来到贡茶院拜拜茶圣陆羽的;二是在长兴喝到了黄金茶,这两项内容是来到长兴最好的收获。"这次活动,刘老师没有去联系湖州茶界的单位、企业或老朋友,都是个人按活动费用 AA 制的,他也不让我多花一分钱,只是要求我组织安排好整个行程的用车、食宿等,他认为活动采用 AA 制很好,我们下次还可以再组织类似的活动。这体现了刘老师谦和、俭朴、清正的为人风格。

三、品鉴紫笋茶

刘老师每次来紫笋苑,会带领几位老茶人同来,有时候茶叶学会的其他老师也会陪刘老师来。这是我可以向老师们请教学习的好机会,大家一边品尝紫笋茶,一边各自说说品饮后的感想,对顾渚紫笋给予了很高评价。几位老师都是长期从事茶叶、茶文化的专家,他们对紫笋茶的评述,帮助我提升对紫笋茶的认识。

(一)紫笋干茶的外形

紫笋茶是炒烘结合加工制成的绿茶,干茶的外形取决于茶叶的加工方法。紫笋苑所备的都是传统手工炒制的茶叶(所以这里介绍的是紫笋散茶)。品尝的是明前的手工茶,是等级高的顾渚紫笋。刘老师等茶人大咖们一致认为紫笋茶干茶外形呈条索紧直略弯,茶芽壮如笋尖,色泽润,深绿隐翠,显毫;尤其是明前的手工茶,干茶的外形显得细嫩匀整,若采摘标准一芽二叶的话,干茶的外形会显得松散粗大一些。

(二)紫笋茶的内质

虽然紫笋茶干茶的外形其貌不扬,看上去类同一般的毛峰绿茶,没有吸引人注意的特征,但其内质的香气、滋味却获得了刘老师及专家们高度的评价。他们认为紫笋茶具有如下的特质。

一是顾渚紫笋的茶香清高,花香如兰,也有果香,香气幽雅溶入水中,喝一口,即可明显感到茶香润喉,饮后齿颊留香、生津醒脑、令人愉悦。

二是紫笋茶的汤色清澈晶亮,几乎无色,是此茶的独特之处,看似清淡,以为是泡过几遍的茶了,只要一喝,即会感到满口生香、浓郁的茶味。我喜用玻璃壶冲泡紫笋茶,注入约95℃的开水,看着干茶在壶中上下飘逸沉浮,茶芽慢慢地舒展开来,如朵朵兰花姿态优美,沉在水底的茶芽直立,如刚出土的冬笋一般。这一观赏过程,赏心悦目,弥补了干茶外貌不扬的不足,此时的紫笋茶在水中舒展了它优美的姿态容颜(见图4-19)。

图4-19　紫笋茶的内质

三是顾渚紫笋茶鲜爽度高,明前的顾渚野山茶,更具入口即甜、茶汤稠厚的感觉。所以,老师们对顾渚紫笋的茶香滋味赞誉最高。

另外,紫笋茶的叶底黄绿明亮,嫩匀成朵,具备名优茶特征。

如今和刘老师一起品饮紫笋茶的美好时光只能永存在记忆中。

四、永记刘老师的关怀

2019 年 6 月我们与刘老师、何月瑛老师等商议,约定 7 月 6 日去湖州荻港品茶休闲活动,由我组织安排行程,出发前二天,刘老师说:医院约了做理疗,治疗脚痛。说不能同去荻港了,祝大家玩得开心。当时我刚写完《紫笋茶缘》的初稿,想在荻港时,可请教刘老师审稿,并听听他的修改意见。回到上海经何月瑛老师联系后,同年 8 月 24 日到刘老师家里去拜访他。

那天上午,我和何老师按约到刘老师家里,刘老师热情欢迎我们,亲自为我们沏上热茶,在问候刘老师的身体情况后,我呈上所写的书稿,希望他能提出修改意见,并为此书写《序》。刘老师高兴地说:"小陈一直在钻研紫笋茶,坚持几十年真不容易,精神可嘉。"又客气地说:"我一定好好拜读。"我请刘老师慢慢看,不用着急,我要去东北、内蒙古等地 3 个礼拜后才回上海,回来后再拜访刘老师。我告诉他,我珍藏了一份 2005 年 4 月 11 日的新民晚报,上面有一篇介绍紫笋茶的文章是他写的。刘老师一听,兴奋地说:"是吗?这篇文章我没有留底稿,你下次带一张复印件给我。"我说:"一定带来。"刘老师起身走进房间,拿出几本资料交给我说:"你在写关于紫笋茶的书,这些资料你带回去参考,2 本学会的杂志是送给你的,那本照相册是我们到长兴大唐贡茶院的照片。"刘老师真是有心人,影集首页还注明时间和同行人员。现在我们只能在这些珍贵的纪实照片中再睹老师的容貌了(见图 4-20)。

刘老师把资料交给我时鼓励我说:"小陈你写紫笋茶的书,写你在长兴几十年的经历,很有意义,此书出版,也是为茶叶学会增加一份宣传茶文化,普及茶知识的书。"那天,茶叶学会张小霖老师也来探望刘老师,张老师也翻阅了一下我写的书稿,对其中几段回忆很有同感,张老师也熟悉去长兴的那段国道,她很高兴地鼓励我早日完成书稿。

我们起身告辞时,刘老师送我们到家门口,那时候刘老师的精神状况还是很好的,却没想到,这次的相见竟成了我们最后的会面。

2019 年 8 月 25 日,我离开上海赴东北、内蒙古等地旅游,同年 9 月 1 日中午接到何老师的电话,告诉我,刘老师已将我的书稿通篇看过了,还提出几点修改意见。当时我在旅游大巴上,声音干扰很大,就回复何老师,待晚上再联系他。

当天晚饭后,我准备好笔、记录纸,拨通了刘老师的电话,刘老

图4-20　刘启贵先生送我的长兴茶旅相册

师大声告诉我,已仔细看完书稿,具体提出了几点修改意见:第一点,对书中的章节标题字数要统一,如"走进长兴茶为引"是七个字,而第六章是九个字,排在一起不协调,是否改成七个字的;第二点,书中配的照片要多一点,书中有介绍紫笋茶,也有讲到长兴古迹、人文景观等,如有照片实景,会让读者有兴趣看;第三,书中最好有一张茶旅地图,这张地图要手工绘制的紫笋茶路线图就好了。我赶紧回答刘老师,我正在手绘一张陆羽古茶山行走路线图,是根据《茶经》记载的几个山岕和地名,如:悬脚岭、啄木岭等,陆羽记载在《茶经》中地点我已实地去考察确认过,拍了照片,打算绘入示意图中。刘老师听后激动地说:"很高兴想到一起了,小陈你真是为茶界做了一件有意义的好事,你要绘两张图,一张是当年陆羽到过的地方;二是你陈明楼在长兴的寻茶之路,重走陆羽的茶之路。为学习了解紫笋茶,追寻唐代茶圣的足迹,你提供了一条茶旅地图,为普及茶文化,这是很了不起的事!"从电话里传来刘老师的语音提高了许多,显得稍有点激动了。刘老师稍后又谦虚平静地对我说:"谢谢你小陈,你看得起我们这些老人,请我审稿写序,我内心感到非常高兴。我已仔细看了一遍,这本书是你用通俗自然的回忆写法,平淡中有内涵,写得很好,我提的几点建议供你参考,等你回上海后,我和你再讨论一下,书名后的注释,是否要加几句话注明是 40 年。"

十几分钟的通话很短,有诚恳的指导,有夸赞学生的话语,还有他对茶圣陆羽的恭敬之情感以及念念不忘的对茶文化的普及宣传热情;短短的通话,包含了刘老师深深的护佑学生之真情,体现出刘老师平易近人,热心帮助学生的宽广胸怀,对我所写的《紫笋茶缘》一书,给予了极大的鼓励和支持,使我感受到老茶人爱茶、敬茶的深情。

回到上海后,我去长兴档案馆查资料,又去访问最早的引路人,拿着手绘的示意图,请教山里的朋友,想把示意图绘制得全面、正确点,可以交给刘老师看,没想到刘老师匆匆离开了我们,还来不及看到学生按他的意思所绘制的古茶山示意图，一切那么的突然。听到刘老师病逝的消息时，真不敢相信，手捧那张示意图潸然泪下。

我与刘老师缘薄，相处时间不多，但刘老师在他生命的最后时间里，还在关心我的学茶写书之事，还在指导我修改，他把最后的心愿交付于我，要我完成手绘的示意图，这是我最大的荣幸，也是老师对我最大的厚爱。刘老师正如陆羽所说的是"精行俭德"之人，我要学习刘老师的茶人精神，励志前行，为茶业茶文化传播多作贡献！以回报刘老师的知遇关心之恩！

第五章　远方的茶路

第一节　再品雅安茶

一、雅安蒙顶茶

从 2009 年第一次到雅安蒙顶茶山，至今已有 11 年了。本书第四章第二节茶和天下中回忆从紫笋茶缘而起，为了多学习了解其他茶，逐渐走向更远的茶叶产地。其中记述了一段初到雅安的经过，文中主要是感恩雅安的几位老师的茶缘，不忘老师们的热情接待和真诚指教，而对雅安的茶叶讲得很少。

两月前，为记写初到雅安的学茶之事，同时也向何教授请教写《紫笋茶缘》遇到的有关茶知识的问题，何教授热情鼓励我为宣传茶文化写书。何教授的夫人伍淑玉老师听说我在写关于紫笋茶的书，希望我能到雅安住上两月，写写雅安的茶，宣传介绍四川的蒙顶茶。在唐代,蒙顶茶可是第一贡茶哦!"伍老师的话激起我再上蒙顶山的念头,心想雅安有悠久的茶文化历史,雅安一带的广大的茶山,自古就产茶叶,我国茶叶的六大基本茶类中,雅安就有红茶、绿茶、黄茶、黑茶四大类,那里的再加工茶类中的茉莉花茶,也是品质优,知名度高的茶。还有令人神往、震撼感人的川藏茶马古道。茶正是从雅安出发,翻山越岭,历经千辛万苦进入西藏,直至尼泊尔、印度,这些都是爱茶人景仰学习的内容。

雅安是值得再去学习的地方。为再上蒙顶山,我找出 10 年前在茶山的资料,重温学习,以备到雅安后请教那里的老师。

图 5-1　雅安市青衣江畔

雅安,古称"雅州",从《新唐书·地理志》记载:雅州土贡有茶,陆羽《茶经》中也注有"……雅州、百丈山、名山……"也即蒙山茶区。

　　蒙山茶起源于西汉末(53—50年),至今约有二千年历史。蒙山茶盛名于唐朝,是蜀茶入贡之最,号称第一。古时候的蒙山范围较广,跨雅(安)、邛(崃)、名(山)、芦(山)四个州县。蒙山的主峰上清峰海拔1440米,为全县最高的山,可远眺峨眉、岷山。蒙山的地理位置是北纬30°,界名山县与雅安之间,处于四川盆地的西缘,地势北高南低,邛崃山脉与岷山、夹金山等,阻挡了盆地内潮湿气流西进北上,又可防范西南冷空气的南侵,构成一道防御寒流的自然屏障,这样的地理位置和地形分布,促使蒙山茶山地区气候湿润,雨量充沛,多年来的平均气温在13.4℃,一月份的均温2.6℃。七月份的均温23.3℃,可谓冬无严寒,夏无酷暑;年降水量2000～2200毫米,云雾多,烟雾蒙蒙,是蒙山气候的最大特点。雨水多,加上气温适宜,山上土壤深厚肥沃,植被丰茂,郁郁葱葱,利于茶树的生长。

　　写到这里,突然觉得蒙山与顾渚山的地理、地形非常相似。两山相隔1500公里,竟会如此巧合,真是天地之造化,比对两山山地如出一辙。这主要表现在以下几个方面。

　　一是纬度大致相同,两山同处北纬30°附近(蒙山位北纬30°,长兴位北纬31°)。蒙山的群峰崇岭间,溪流众多,汇聚成著名的青衣江,蜿蜒出蒙山,流经雅安城内,注入大渡河,再入岷江,而后汇入长江。所以,蒙山位处长江上游水源。而顾渚山则在长江下游,受太湖水系的润泽,可谓是同泽一江水,渊源一家。

　　二是地形相似,蒙山的西面有高山挡住四川盆地的暖湿水汽,使其滞留在蒙山山区,又阻挡了西部的冷空气入侵;顾渚山的西面也有天目山脉的高岭为屏障,挡住东面太湖飘来的水汽蕴笼在顾渚山区,也挡住了西北部的寒流。两个茶山的小气候条件相似。形成了雨量充沛、温度适宜的生态环境,加上大山里茂密的植被和深厚的山地土壤,是适应茶树生长的良好环境。从地域面积看蒙山面积是大于顾渚山。

三是两山都有悠久的茶文化历史,同处在唐代茶事兴起之时,优越的生态环境,是产生好茶的必然条件。由此,两山都有贡茶,就有了蒙顶第一、顾渚第二之说,(见《清·长兴县志》及李肇《国史补》云:蒙顶第一、顾渚第二、宜兴第三),此时第一、第二并不重要,巧合的是相隔这么远的距离,所产生的茶叶都被列为贡茶,也是难得,时隔千年,两山的传统名茶,至今还是保持其优良的品质,为全国名优茶前列,更是可贵了。

一方水土一方茶,蒙山茶和顾渚茶同为贡茶,但产地不同,其味也有不同之处。茶叶特有的吸附贮存功能,汲集了周围环境的气息,加工后,冲泡后释放出的茶香茶味,也正是反馈出它生长环境的气息。雅安的茶我喝得并不多,有待多入山学习,从品尝雅安的绿茶与顾渚紫笋比较的话,我个人的感觉是:雅安的茶高香、花香尖锐,我所说的尖锐一词,是我初品雅安茶时感到那花香很高,明显地一下子攫住品茶的嗅觉,滋味浓醇,有川西大山的雄浑高远之气概。而江南的茶,吮吸了江南山水的灵秀柔美之韵,茶香也显得淡雅悠长,清新如兰花之香,其滋味柔和绵长,鲜美甘甜,是顾渚紫笋的特点。这是两山的地域环境,小气候不同,则形成了不同口感的茶。

所谓:蜀道蒙山浙顾渚,黄芽紫笋两奇葩,远隔千里同入贡,唐代茶史传佳话。

在我相识熟悉的茶友中,常喝四川茶的人不多,我询问过几位茶友,说是知道一些四川茶,如:蒙顶黄芽、蒙顶甘露、雅安藏茶等,但很少喝,可能是雅安离上海较远,在上海的茶叶市场里,也不多见卖四川茶叶的。因此,上海喝四川茶的人不多,也可能是宣传介绍得不多所致的原因吧。

巴蜀是我国茶叶原产地之一,栽培、制茶的历史悠久。雅安一带广袤的大茶山里,盛产茶叶,成品茶品种占六大基本类中四个大类(即:红茶、绿茶、黄茶、黑茶)。在同地域产茶区,能同时有四个大类的茶,在其他产茶地是难以见到的。

2009年春,我初到雅安,上蒙顶山看茶山,拜访老师学茶,后来又去雅安几次,总是匆匆忙忙,学得肤浅,庆幸是收藏了一本《名山县文史资料》,从书中对雅安茶的历史文化、地理环境及蒙山茶的知识有较多的了解,可经常阅读学习。

二、藏茶的今生往事

2019年经伍老师提醒,再到雅安学习四川雅安茶,特别是想多学习了解藏茶。何老师特地安排我到藏茶村,参观"藏茶文化展示馆",帮助我详细地了解藏茶及藏茶文化史(见图5-2)。

（a）

（b）

图 5-2　雅安市藏茶村藏茶文化展示馆

藏茶产于雅安,具有明显的解油腻、消脂、解渴的作用,特别适宜藏族等少数民族饮用,因地处高原,高、寒、缺氧,地理环境恶劣,以前是难以栽培蔬菜和水果,而牧区青藏高原的少数民族多以牛羊肉、奶酪、青稞为主食,藏茶可以帮助餐后的消化功能,既能解渴又可以从茶叶中获取维生素等身体必需营养,就有了著名的民谚:"宁可三日无粮,不可一日无茶"之说。茶叶成为藏族同胞的生活必需品了。

现在的社会发展迅速,交通通达便捷,可喜的是青藏高原蔬菜大棚普遍兴起,绿叶菜和水果也多了。近年去川西、西藏旅游时,在饭桌上也见到一些南方品种的绿叶蔬菜。但是千百年沿袭下来的饮茶习惯,已深深扎根在这些地区的人们日常生活中。酥油茶是高原藏族等少数民族的必用茶,是无可替代的饮品,来到高原藏区喝一碗香浓的酥油茶,找一下"不可一日无茶"的感觉,体会"茶和天下"的含义。

(一)藏茶记事

在"藏茶文化展示馆"中,细读藏茶从唐代到近代的历史,对其中的几个大事记,很有必要记述。

1. 茶叶入藏

唐贞观十五年(641年),文成公主和亲进藏,"茶叶亦自文成公主入藏地,"成为民族团结、国家统一的象征。

自此,茶叶来到了西域高原,为藏族等少数民族,提供了宝贵的生活必需品,茶叶也成了高原地区的生命之茶。

2. 茶马互市的启动与消亡

唐景云二年(711 年)吐蕃女政治家赤玛类倡议,唐蕃茶丝换马贸易,赤岭、甘松岭为互市地,年互市 4.8 万匹,开茶马互市的先河。

宋太平兴国八年(983 年)设茶马司,专管以茶易马。

宋熙宁七年(1074 年)在四川雅州和甘肃天水,分别设立茶马司。

南宋,绍兴初年(1131 年)雅州天水茶马司合并为"都大提举茶马司"。

元朝,蒙古马源多,供给不成问题,边茶主要用于换取银两和土货等。

明太祖洪武初年(1368 年),恢复茶马互市,分别在西宁(青海)河州(甘肃临夏)、洮河(甘肃临潭)设茶马司,专门负责西北茶马交易。

清王朝建立,私商贩茶日益增多,大多以银、铜币交换。清代所需马匹,可以从东北关外购入,茶马互市作用降低,至康熙四十四年(1705 年)宣布废止。

茶马互市是对茶叶、马匹的需求而相关,马是装备军队的首选,而高原地区的生活离不开茶,是少数民族的生活必需。通过茶马互市沟通了内地与西藏地区的经济联系,从而增进了西藏地方政府与中央的政治联系,为汉藏的民族团结、祖国的统一起了重要作用。

（二）藏茶之名的诞生

清代取消了"茶马互市"，茶叶从"军需"走向了"民生"，为保证青藏高原民众用茶，同时朝廷为国家的统一、抚边政策，并且从藏茶交易中获得利益，四川边茶按成都老南门和老西门方向，分为"南路边茶"和"西路边茶"。雅州所属（今雨城）荥经、名山、天全等地所产"南路边茶"产量最大，毛茶生产覆盖全省茶区，直到 20 世纪 80 年代，仍在乐山、宜宾、重庆、万县洪雅、南江等地初加工，甚至包括贵州桐梓所产，也运到雅安拼配、包装、调运。

近代经营藏茶的陕西茶商和四川茶商，纷纷会聚雅州，到清代中叶已有茶号 80 多家，后来发展超过了 200 家。

清中晚期朝廷腐败，对外签订了很多丧权辱国的条约，其中《中英印藏条约》为列强企图用印度茶叶控制西藏打开了方便之门。光绪三十四年（1908 年），为抵制印茶入藏，川滇边务大臣赵尔丰和四川总督大臣赵尔巽兄弟俩共同主持，在雅安成立"商办藏茶公司筹办处"，"藏茶"之名从此诞生。经过近一年的筹备，雅安（雨城）、名山、天全、荥经、邛崃等五县茶商筹集 33.5 万两白银，成立"商办边茶股份有限公司"。公司纲领规定："藏茶公司为抵外保内而设。"正是"山林草木之叶，事关国家政体之大"。"藏茶"为维护国家统一，抵制列强，写下浓墨重彩的一笔。

（三）川藏茶马古道

"茶马古道"是我国古代因"茶马互市","以茶易马"而兴起并发展起来的,是具有明显走向的经济交流的通道。"茶马古道"起于唐,兴于宋,延续到清末,止于20世纪中期。但有的地方,至今仍在发挥积极的社会作用。我国几条茶马古道,因马帮出发地不同,有川藏道、滇藏道、川青道等,其中以川藏道最为著名。

川藏茶马古道与唐蕃古道、南方丝绸之路交叉,横穿高山峡谷,跨越岷江、大渡河、金沙江、雅砻江、雅鲁藏布江、澜沧江几大水系,连结川、滇、甘、青、藏等省区。川藏道由四川雅安出发,经泸定、康定、巴塘、昌都到拉萨,再经日喀则出境,再往尼泊尔、缅甸、印度、不丹、阿富汗等邻国。川藏茶马古道是连接内地与边疆,中央与地方,汉族与少数民族地区交流发展的重要通道。

古道穿行于青藏高原的崇山峻岭、雪峰峡谷之间,川藏茶马古道,催人泪下的是一段连马匹都无法通过的山路,只能是人背上200多斤的茶叶,走崎岖的山间小道,翻越二郎山,就是从雅安出发,到康定的一段最为艰难的茶马古道。到达康定后,才换马和骆驼。人背马驮的马帮驼队,悲壮坚韧地跋山涉水,用生命连接推动了沿途多民族政治、经济、文化的交融发展。为弘扬中华文明发挥了极其重要的作用。川藏山区的险峻山道和茂密的原始森林,峡谷中的溪流河道,组成一道道壮丽无比的旖旎风光,为古道增添神秘色彩而闻名于世。参观了藏茶文化馆后,再听何教授讲藏茶,似乎就容易理解了(见图 5-3)。

图 5-3　与四川农业大学茶学系何春雷教授在藏茶村

三、千年藏茶

以前很少喝藏茶,对它的感观印象不深,此行正好是学习的好机会。

藏茶有散茶和紧压成形的茶砖,成品的散茶外形较粗实,与茶砖一样色泽呈褐色,或黑褐油润。藏茶可冲泡,可煮饮,还可用保温杯"闷泡"。

藏茶的汤色红浓透亮,茶香表述有沉香、枣香、陈香等。

雅安茶山面积大,海拔高度不一,各茶企在自己的茶叶基地采用鲜叶原料,不同的山头,其地域大小,环境生态不同,加上各茶企的加工工艺和做茶师傅的技术不同,这样一来,藏茶的香气和口感就有不同的地方了。一般说来,藏茶的滋味也是略有不同的,以醇和为上,忌苦涩感。

藏茶千百年来,深得青藏高原地区的各少数民族欢迎和依赖。而销往内地市场的则少见。

近年来,对藏茶的研究发现,藏茶对茶叶原料的选择和特有的复杂加工工艺,使藏茶具有较显著地降低"三高"的作用,这也受到越来越多的饮茶人关注和喜爱。雅安市茶协也组织藏茶生产企业参加全国的茶博会、展销会。雅安藏茶已逐渐走出四川,进入内地茶市场,打破了"藏茶"是西藏茶的误解,随着宣传介绍藏茶的力度,会有更多人喝上藏茶的。

走进雅安品味藏茶,去茶文化的发源地寻找茶的故事,雅安还有许多美丽风景值得一看。在大城市久住的人们,经常走进大山,呼吸山野的清新空气,对健康有利;欣赏大自然的美景,徜徉于山水之间释放在城市生活的紧张压力,使心情愉悦。这次在藏茶村茶山上,观赏茶园景色时,蓦然看到西方的远山,显现一座安详的大佛卧像,蓝天白云下,阳光清晰地照耀着卧佛,惊诧之际,选择最佳角度,用手机拍下大佛的安详壮观,感叹,这里正是祥福之地!(见图 5-4)

图 5-4　大佛祥瑞——藏茶村茶山远景

第二节　访蒙顶茶园

一、品蒙山黄茶

离开雅安雨城,赶往下一站——蒙山。川农大的龚浩老师已帮我联系了他的发小同学陈立新老师,陈老师的妻子是黄茶制作的非遗传人。

在去名山途中,我联系上了陈立新老师,他讲的地名我不熟悉，心想：先去名山拜访周文玖经理，然后再向周经理打听。到了周总的"七株茗"名茶公司，周总夫妇热情接待我们。相隔多年未见，久别重逢，都非常高兴。喝了一会茶，我向周总打听陈立新老师，刚一说，周总夫妇乐了，原来他们和陈立新夫妇是多年的老朋友了。周总的妻子杜丽华兴奋地告诉我，我要拜访的黄茶非遗传人刘羌虹老师，是她的师姐；杜丽华女士接着又讲起她们师姐妹俩，年轻时同在蒙山国营茶厂工作的一段经历。她俩刚进国营茶厂时，还是年轻的姑娘家，一起跟着茶厂里老一辈的茶人师傅学习种茶、采茶和制茶，样样活都要干，师姐妹俩在茶厂里工作了几十年，也逐渐建立了深厚的姐妹情。喝了一会茶，周总开车送我们到刘羌虹老师工作的川黄集团公司去见陈立新夫妇。

陈立新夫妇俩已在公司大院里等候我们，高兴地欢迎我们的到来。刘若虹老师听说我是上海市茶叶学会张扬老师的学生，惊喜地说：真巧了，张扬老师多次带学生们来此学习，来！我们拍个照片，传给张老师，让他高兴高兴！气氛十分亲切融洽，毫无初次见面的拘谨之感。

刘老师为我们沏上准备好的黄茶，这是她选用本地茶树品种，采摘一芽二叶的鲜叶，按照黄茶的传统工艺制作，高香味醇、茶汤清亮，刘老师从喝茶人的角度出发，说这杯茶的选料规格低一些，但与全部用单芽的蒙顶黄芽相比，价格会低很多，性价比高更受消费者的欢迎。等级高、价格高的蒙顶黄芽，消费量会受到一定的限制。我们在制作茶叶时，严格按黄茶传统加工工艺，生产适合大多数茶人能喝得起的正味黄茶，这也是我们制茶人追求的目标。

图 5-5　拜访黄茶制作非遗传人刘羌虹老师，中为刘羌虹老师，
左1、左2为周文玖夫妇，右1为老同事张峰

刘老师性情直爽、快人快语。品茶时，刘老师还介绍了她几十年来做茶的感悟，以及她在制茶过程中，个人摸索黄茶制作时的关键工艺心得，为继承黄茶制作工艺倾注心血。

告别陈立新、刘羌虹老师，回名山，周总夫妇热情招待我们吃晚餐，再开车送我们到蒙山民宿入住，以便我们第二天早上在蒙山看日出景观。

第二天清晨，山中云雾蒙蒙，远处是白茫茫一片，近处的山只见黛色峰影,在云雾中若隐若现,犹如一幅水墨山水丹青。我们坐缆车上蒙顶,可惜不能俯瞰远景,只能在山上景区走走,重走 11 年前走过的茶山小道(见图 5-6),看看皇茶园、古茶树。在茶园,竟然看到有不少的紫芽茶,雾气湿润了茶树,新萌发的紫色芽叶有红艳、深紫不同的色彩,叶型与顾渚山的紫芽茶一样,他乡遇故知,我想这也许是一个家族的茶叶吧?

图 5-6　蒙顶山茶园山门

再走到天盖寺,拜谒茶祖吴理真。天盖寺前的小广场,布置依旧,南侧边缘是一排高大的古银杏,显得苍劲古韵、生机益然,树荫下是一排茶桌,十一年前的茶桌也是这样,真想坐下喝一杯蒙顶黄芽,只是天公不作美,开始下雨,催我们下山了。此行没能欣赏蒙

图 5-7　蒙顶山

山日出,也遂了再上蒙山的念想。

　　回上海前,我再次到成都温江农大校区拜访何教授,向他讨教藏茶等雅安茶的学问。

　　十天的雅安之行,增加了对雅安茶的了解,其间拜访了多位老师,得到赐教,受益匪浅,铭记在心,为宣传四川雅安茶,增添了更多的知识。

　　在此,我将十多年前,在雅安收藏的《名山县文史资料》中,有关蒙山传统名茶的采制工艺技术资料整理后放入本书。因该资料的时间是 1986 年,至今已有三十多年,这其中的加工工艺与现今采用的工艺技术肯定已有变化,仅供茶友参考。

二、蒙山传统名茶的采制工艺①

（一）蒙顶黄芽采制工艺

1. 品质特点

外形：黄芽扁直，全芽披毫。

内质：甜香浓郁，汤黄而碧，味甘而醇，叶底：全芽黄亮。

2. 鲜芽采摘标准

采摘时间在"春分"前后，采摘标准，单芽与一芽一叶半初展（俗称"鸦鹊嘴"），芽头肥壮，大小匀齐，500克约一万个芽头左右，不采真叶已展的空心芽，病虫芽等。

3. 制作工艺流程

鲜叶杀青→初包→二炒→复包→三炒→摊放→整形提毫→烘焙干燥。

（1）杀青。杀青锅口直径50厘米左右，锅底平滑。用木柴或电加热。杀青的目的是破坏酶的活性，散失鲜叶中的水分，其操作是先闷后抖，采用压、抓、撒手法结合，炒至茶香发出无青草气时，

---

① 资料来源：本书编委会. 名山县文史资料·第二辑（蒙山专辑）[R]. 四川省名山县政协，文史资料征集委员会，1986.

即为适度。

（2）初包。初包目的是使芽色变黄，形成甜醇的滋味，其操作是趁热用清洁草纸，将杀青过的茶芽包好，放在灶上保持叶温，有利多酚类物质在湿热条件下，自动氧化。初包过程中，翻拌茶芽一次，使茶芽的黄变均匀。

（3）二炒。目的在于散发水分和初包闷气，其操作是抖闷结合，采用拉直、压扁手法，初步形成黄芽的品质特征，炒至含水 45% 左右即可。

（4）复包。目的是使芽内的酚类物质，进一步氧化变成黄色。复包时需保持一定的温度，芽温时间约 60 分钟。

（5）三炒。目的是继续蒸发水分，促进一定的化学变化，固定外形。操作与二炒相同，炒至水分降至 30%~35% 为适度。

（6）摊放。目的是使水分重新分配，使多酚类物质缓慢氧化，达到黄色、黄汤。摊放时将三炒芽撒在垫有草纸的细篾簸上，厚度 5~7 厘米，再盖草纸保温，摊放时间 36~48 小时。

（7）整形提毫。整形提毫的目的是使茶芽扁直、光润、翻毫，散失水分，促进茶香。整形操作以拉直、压扁茶芽手法，提毫将锅温提高，手握茶芽，在锅中翻滚，提高芽温，全毫显露，形状固定，茶香浓郁时，即可出锅。

（8）烘焙。烘焙的目的是增进茶香，散失水分，以利贮存。采用烘笼烘焙，每隔 3~4 分钟翻茶一次，烘至含水 5% 左右时下烘，摊放后包装入库。

（二）蒙顶石花采制工艺

1. 品质特征

外形：扁直匀整，锋苗挺锐，芽披银毫。

内质：毫香浓郁，汤碧而亮，味甘而鲜，叶底全芽嫩黄。

2. 鲜叶采摘标准

采摘时期"春分"前后，采摘鳞片展开时的芽头，芽长 1.0～1.5 厘米，每 500 克约一万个左右芽头（不采空心、病虫、雨水等芽），采后不使芽受机械损伤。

3. 制造工艺

鲜叶(芽)摊放→杀青→摊凉→炒二青→摊凉→炒三青→摊凉→做形提毫→摊凉→烘干，

（1）鲜叶摊放。鲜叶置篾簸内，鲜叶堆放厚度 1～2 厘米，摊放的时间为 4～6 小时，摊放使鲜叶失水，散发青气，促使内含物的转化，增进茶香。

（2）杀青。目的是破坏酶活性，蒸发水分，排出青气发出茶香，其操作是：先闷炒。然后抖闷结合，待杀青适时，即可出锅摊晾。

（3）炒二、三青。目的是散发水分，促进内含物质变化，形成良好的香气和滋味；操作是以抖炒为主，结合抓、压手法。使茶芽初步成扁平形。

（4）做形提毫。目的是在于散发水分，形成"石花"的品质特征，采用压、拉、带、撒手法，待形状基本固定，白毫显露，水分减至

10％～14％即为做形提毫适度。

（5）烘干。目的是充分发挥茶的香气，散发水分，有利贮存；烘茶采用烘笼烘焙，其操作是：薄摊、勤翻、防止烘焦。烘至水分5％左右时摊凉，包装贮藏。

（三）蒙顶甘露（万春银叶、玉叶长春）

1. 品质特征

甘露、万春银叶、玉叶长春三种名茶，均属条形名茶。制作工艺技术基本相同；其主要不同之点是采摘时间和制作标准不同，而形成不同的品质特征。

（1）甘露的外形：紧秀银毫，翠绿油润；甘露的内质：毫香馥郁，汤碧而亮，味鲜浓浓，叶底嫩绿匀亮。

（2）万春银毫的外形：紧细披毫，嫩绿油润；万春银毫的内质：香气浓郁，汤黄绿亮，味鲜醇爽，叶底黄绿匀亮。

（3）玉叶长春：外形：紧细多毫，墨绿油润；玉叶长春的内质：香气鲜浓，汤黄绿明，味鲜醇厚，叶底黄绿匀亮。

2. 鲜叶采摘标注

每年春分时节，当茶园中有5％芽头，第一片真叶初展，即可开园采摘，开采单芽和一芽一叶初展，随着气温的升高。芽头长大，采一芽一叶初展和一芽二叶初展，从采摘时间看，在春分至谷雨前。采摘时，先采甘露再采万春银叶，最后采制玉叶长春。

3. 制作工艺

鲜叶摊放→高温杀青→摊凉→头揉→二炒→摊凉→二揉→三炒→摊凉→三揉→整形提毫→烘焙匀→小堆→复火→拼配包装、贮存。

（1）鲜叶摊放。散发水分,促进内含物的化学变化,有利茶叶色香味提高。

（2）高温杀青。蒸发水分,有利揉捻,促进香气的提高,破坏酶的活性,保持三绿;操作是先闷后抖,有利提高叶温,烘至茶香显露无青气,即可出锅。

（3）头揉。杀青叶置于直径60厘米篾簸内拌冷,双手握茶,先团揉几转,然后滚揉,中间抖散解块,揉至茶叶初步成条,即为头揉适度。

（4）炒二青。目的是散发水分,卷缩成条。锅温100~120℃,抖炒为主,炒到茶叶含水45%左右起锅摊凉二揉。

（5）二揉。进一步紧卷成条,先团揉,然后滚揉,中间解块3~4次,至茶条尚紧为适度。

（6）炒三青。操作与二青相同。

（7）三揉。先轻后重,先团后推滚,反复使茶叶紧卷成细条,即可放在锅中解块做形。

（8）整形。是决定三种名茶外形品质特征的主要工序。操作采用抓、团、揉、搓、撒等手法反复数次,使形状基本固定。白毫显露时,即可出锅摊凉。

（9）初烘。用烘笼进行烘焙。烘温40~45℃,烘至水分7%~

8%,摊凉用草纸包好。

（10）匀小堆。将已初烘的小包茶进行观看,将形状、色泽接近的合并为 500 克左右一包,以利复烘定级。

（11）复烘。目的是降低水分,有利贮存。烘至水分在 5% 左右即为适度。

（12）拼配包装。抽取复烘样品审评,根据形状、色泽、香气。拣去劣异。清风割末,定出品名,分类拼合,包装后入库贮存。

三、我国各地区的紫芽茶

（一）各地茶山上的紫茶树

紫芽茶并不是只产在长兴,我国很多地区也都有。在此以一组图片展示的组图(见图 5-9)。其中图 5-9(a)展示的是四川雅安蒙顶山的紫芽茶;图 5-9(b)展示的是长兴罗岕山上的紫芽茶;图 5-9(c)展示的是福建武夷山桐木关茶山上的紫芽茶;图 5-9(d)展示的是浙江长兴狮坞岕的紫芽茶。

(a)

图 5-8

（a）四川雅安蒙顶山上的紫芽茶　（b）浙江长兴罗岕山上的紫芽茶

（c）福建武夷山桐木关茶山上的紫芽茶　（d）浙江长兴狮坞岕的紫芽茶

（二）鲜紫芽茶叶与鲜绿茶叶的比较

鲜紫芽茶叶与鲜绿茶叶除了颜色不同，其形状也有所不同。
具体见图 5-9。所以紫茶和绿茶的芽叶区别还是很明显的。

图 5-9　紫茶与绿茶的鲜叶比较

第六章　重阳抒怀

人生易老天难老，岁岁重阳，今又重阳。战地黄花分外香。

重阳节是我国民间的传统节日，农历九月初九，是不变的重阳，"九九"两个阳数相重，故称重阳，"九"是数字中最大的数，有长久、长寿、最大的意思。

九月重阳，正是秋季收获之时，地里的农作物成熟了，树上结的果和地里的瓜，也散发出阵阵甜香诱人，迎来金秋丰收的喜悦。古人为纪念先祖，感恩天地的赐予，会在重阳节这一天进行祭祀活动，祈盼来年五谷丰登，人畜兴旺。我国疆域辽阔，民族众多，各地流传下来重阳节的民俗活动形式，也不尽相同，但是重阳登高，是大家喜欢的活动项目之一。我国山地多，在重阳节里，登高赏秋，成为喜闻乐见的活动之一。

在上海城市里没山可登，重阳这一天，记得小时候看到糕团店里会在各种花式的糕点上插上一枝枝的小彩旗，五颜六色，使人觉得很好玩；吃重阳糕，大概是寓意登高之意吧。重阳登高，刚好是盛夏已过，秋意浓，气温已逐渐转凉，山上的各种树，受气温降低的影响，树叶逐渐变成不同的颜色，构成一幅幅绚烂多彩的画图。这是金秋的魅力,登高望远,秋色美景令人遐想陶醉。诗人王维写道:"独在异乡为异客,每逢佳节倍思亲,遥知兄弟登高处,遍插茱萸少一人。"此首脍炙人口的诗句,流传至今,成为重阳登高时吟诵的诗句。登高有步步高、高寿的含义,更为重阳节增加了吉祥的气氛。

第一节　师生情

现在重阳节已成为国家法定的敬老节,为古老的传统节日增添了新的内涵,重阳感恩,使中华民族的美德得以传承光大;尊师重教,是古老悠久文化延续发展至今的灵魂所在。没有师教,则没有道德宏扬,就没有几千年中华文明的传承。

重阳敬老节,感恩我的老师——徐家珍先生,她是位女教师,被称呼为先生几十年,可知她在学生们心目中的地位。徐先生是我中学时的班主任老师,她是归国华侨,回来参加新中国的教育工作,担任几个班级的英语教师。先生师德高尚,教课严谨认真,关爱每一位学生,先生桃李满天下,受到每一个学生的敬重。对我而言,更是感恩先生慈母般的教导我做人之本。50年来,先生视我如子,师生之情,亲如家人,是我一生中的荣幸。

先生现在住嘉兴的颐养中心安度晚年,她性格开朗,豁达大

图6-1　与徐家珍合影(中)

度,身体健康。学生们也常结伴去看望她,陪她聊聊天。上月的10
号是我国的教师节,我和发小同学朱紫晨到嘉兴看望88高龄的先
生。先生高兴地招呼我们坐下,我用手机微信帮她联系上在香港
的弟弟徐国桢先生(本书第二章记述中外合资的港方投资人)。我
们相识40多年,徐国桢知道我为紫笋茶常常往返于上海与长兴之
间,所以在考虑投资时,就想到了长兴。同时,他也喜欢上了喝紫
笋茶,他把紫笋茶带到香港,分赠朋友们。还介绍我为上海的一家
港式餐厅选供等级高的各种茶叶;徐国桢还向餐厅水吧部,推荐顾

渚紫笋,使紫笋茶成为该餐厅的首推茶。我持续为这家餐厅供应茶叶 10 年,直到店租期满结束。

近几年,徐国桢长住香港,一是请我多去看望他的姐姐,保持联系,再就是想喝紫笋茶时,就请我寄到香港。所以说,喝了紫笋茶,往往是难以割舍的。

看着远隔千里的姐弟俩,用微信的语音互致问候,说上几句话,先生笑得那么开心,我们也分享、陪老师过了一个快乐的教师节。今逢重阳敬老节,我在茗岭山顶,遥祝恩师身体健康! 福寿绵长!

第二节　九九登高度重阳

一、再上茗岭山

一年一度秋风劲,不是春光胜似春光,寥廓江天万里霜。

登高是探索、拓展视野的一种原始方式,也是人类文明发展的重要表现,代表了进取、意志、不怕牺牲的精神。重阳增添了中国古老的文化元素,使重阳成为中国的传统节日。

多年来,我一直想去长兴县西北部的茗岭,登上最高峰——黄塔顶。茗岭的海拔高度 500 多米,属天目山余脉。群峰中最高的黄塔顶,海拔是 611.5 米,位于长兴与宜兴的交界处,茗即茶,茗岭因产岕茶而得名。

2020 年的 8 月 22 日,虽已入秋,却还是气温高的处暑节气。那天从长兴县的罗岕村出发,登茗岭。因为首次上茗岭,兴致极高,沿着茗岭古道,蜿蜒盘旋在竹海茶山中的一条小路,到茗岭两省交界处的界碑前拍照纪念一下,因时间关系,来不及再登黄塔顶了,心想:下次再来登顶峰吧。

二、古老的传说

两个多小时的山路,虽无险境,可高温天气,使我们下山时,衣衫都湿透了。此行虽未登上黄塔顶,留下点憾事,但又得机缘,有时间可多了解罗岕村的传说典故。史载罗岕村有 1 800 年的历史,是汉代的古村落,从汉代起这里就产茶叶了。

在罗岕村村口,有一座不大的土地庙,占地面积约百来平方米,庙前有一小块空地,边上竖立一块介绍土地庙的标牌。细读一遍,倒是一个很有趣的故事。话说西汉末年,王莽追杀刘秀,刘秀从宜兴逃到罗岕的茗岭山顶时,身疲口燥,躺倒在山顶的一块草地上。突然他双脚在草地上拼命一蹬,喊道:"有命出水!无命出鬼!"刘秀话音刚落,他蹬出的脚印,竟然积成一泓泉潭,刘秀眼前一亮,卧身饱喝一顿甘泉,浑身来劲,继续奔逃。来到茗岭山脚下的一座土地庙前，土地神见到刘秀神色慌张，便问："你怎么了？"刘秀忙答："土神爷，有人追杀我，让我在此躲一下可以吗？"土神爷思忖片刻说："那你脚跟朝里，脚尖朝外，倒退着进来吧。"刘秀按土地神的指点，倒退着进了土地庙，庙内四周尽挂着蜘蛛网，他躲进了神位的下方。不久，王莽也追到了土地庙前，王莽问土地神："刚才是否有人来过了？"土地神说："人刚走，不信你看看他的脚印。"王莽朝地上一看，确实无疑，即离开土地庙，追赶刘秀而去。

从此，罗岕茗岭上留有像脚印模样的泉水潭，还有刘秀逃难时脱身的土地庙，成为罗岕村的美丽传说和古迹（见图6-2）。

图6-2　高山泉水的美丽传说

三、登上茗岭黄塔顶

九九重阳是金色的重阳，也是红色的重阳，"霜叶红于二月花"，正是描绘重阳秋色的绝妙佳句。金秋是最灿烂多彩的，重阳踏秋，每个人都会寻找属于自己的那块色彩，因为那色彩包含了他最美好的回忆。天气转凉了，有的树叶变黄，变红了。茫茫竹海永远是青翠为主色调，随着秋风，竹梢翠枝摇曳，大山披上一层绿色彩衣，使整个山野显得生机盎然、灵秀柔美。

黄塔顶是茗岭的主峰，是我今天登顶的目标。它位于江苏省宜兴境内，故称其为"苏南第一峰"。广袤的竹海是此地的一大景观。

2020年8月，我从长兴罗岕方向，走茗岭古道时，到达两省的交界的茗岭头，未能登上黄塔顶主峰，心存遗憾。即与宜兴丁山的周荣伟先生相约，请他当向导，带我上黄塔顶。小周爱好跑步、登山、攀岩等体育活动，他很熟悉这一带的山岭。当日上午，我们从茗岭北侧的宜兴岭下村上山，山路也不好走，先是有铺好的石阶，上半山腰后，则石阶少了，再往上走则是山体自然的土石相杂的土路，狭窄处仅一人能行走。我跟着小周，小心攀登，挂杖而行，山上毛竹茂盛，加上许多不知名的树木遮天蔽日，令我兴奋的是山坡杂石、林间有许多野茶树，正开着黄白色的小茶花，好像是在欢迎我们的到来。

经过一个多小时的努力，终于登上黄塔顶了，蓝天白云下，耀眼的阳光，有点眩目，远眺群山逶迤起伏直至天际（见图6-3）。脚下的山顶是用不规则的山石板，铺成一小块平地，约70平方米左右，平地的西南角，竖立了一块坐标牌，中间是三个大字：黄塔顶，上有小字：苏南第一峰，下方的小字标注黄塔顶的高度为611.5米。站在顶峰，体会廖廓江天万里霜的秋景，迎着萧瑟秋风，阅览秋光美色，是登顶后舒畅喜悦与心事的释放，也是思绪万千。

图6-3　黄塔顶远眺

我从上海赶来，选择今日重阳来茗岭，登高黄塔顶，完成心中的夙愿。也许有人会说：此山的海拔不算高，又不是什么名山胜景，值得那么看重吗？殊不知，这真是各人所求不同，各自寻找生活中的那块不同的色彩,还有一个原因,可能不知道或不了解此山的故事吧。

四、重阳节感悟

刘禹锡"陋室铭"句:"山不在高,有仙则名"。茗岭就是深藏在山野中的一块璞玉,是长兴之瑰宝,是我国茶文化史上值得记述的地方。这里有瑞草紫笋茶,生长在山野崖壁烂石旁,或簇生在竹林山涧的石阶边,随处可见到野生的紫笋茶树。一千多年前,这里的茶树,引来了茶圣的关注,他在此方山林间流连忘返,徒步跋涉在山野崇岭,不畏辛劳考察茶树的生长环境、茶树的品种特征,为著写《茶经》倾其心血,将所得珍贵实践总结汇记在书中。在这山附近的地方,茶圣陆羽应常州刺史李栖筠之邀,去品鉴山僧所献的茶叶,而后记载茶圣的评语,所记字数不多,却从此将紫笋茶推为贡茶而名闻遐迩。其记载的内容,也一直被引用、流传至今。陆羽当年的寻茶之路,至今还在茗岭山岕里,伴随着风雨日月,历经千年沧桑。

作为爱茶之人,又是深恋紫笋情结的我,把茗岭视作圣山,也不为过。这是我心中向往之地,在这里,是我寻找到最美色彩的地方。

站在茗岭高峰黄塔顶,陶醉于秋色之中,只见层林尽染、翠岭叠嶂。这里是长兴县的西北部,是长兴海拔最高的茶山,远望东南方向,是长兴的县城所在。40 年前,我从上海来到长兴县城,以后随着寻找紫笋茶的脚步,一步步走进茶山。今天,终于站在长兴的最高处,回眸我走过来的路,已淹没在莽莽群山之间,既不知从何而来,也不知这里是不是终点?

我突然想起中学时代崇拜的保尔·柯察金了,他说过的那段名言,似乎又在脑海里翻滚:"人最宝贵的是生命,生命属于人只有一次,人的一生应当这样度过,当他回首往事时,不会因为碌碌无为而羞愧,不会因为虚度年华而悔恨……"年轻时,不领会句中的含义,只有当步入老年之时,才会回首往事,才感慨那曾经走过的一幕幕场景。

独在异乡为异客,众友重情又重义。我感恩朋友们帮助、扶携我一路走过来的岁月,独在异乡却不孤独,各地的朋友特别的关照、护佑我,使我永记心怀。每当我在旅行途中,微信九宫格下那么多朋友的关注点赞,还往往有许多外省市的好友!此时的心情是暖暖的,仿佛又和朋友们在一起了。

面对大山,我思索走过的寻茶之路,寻找陆羽《茶经》中记述的长兴地区的古茶山。今天,我可以在茗岭上告慰我们茶叶学会的老茶人、老秘书长刘启贵老师,你要求学生绘制一张陆羽当年走过的茶山路线图,业已完成,并一一去履行,我实现了对您的承诺。

重阳、重阳,重重的心事了了,登高抒怀,为《紫笋茶缘》完成最后一篇短文,在长兴最高的茶山上,停顿下来,划个满意的句号。

从黄塔顶看到更远的茶山,那是将要远足的地方,是茶的远方。

重阳节,最重要的是我妈妈的生日,是最容易记住的日子,仰望天空,思念天堂里的妈妈,您可看到孩儿在寻觅天际里,您那慈爱的目光,那晚临睡前,您看我最后一眼的目光是那么的安祥,永恒定格在我的脑海里,我们最后对视的目光,永远伴随在我的生命中,是我最富有的记忆。

重阳,妈妈的生日,我会永远记住!

下　篇

因紫笋茶而结缘

采茶

第七章　家乡的知音

第一节　紫笋茶香飘海外

一、茶痕[①]

不知从何时开始,发现三五好友聚会,总是开始不经意间回忆过去。在电光石火间,忽然感叹,世界一切物质总会消散,唯有精神会始终留存!又凑巧遇到陈明楼先生,先生执着想写一些文字,特别想把毕生追求的茶文化变成先生自己的想法,于是我竟也开始不停地鼓动先生。原因有二,一是这样的文章对长兴的紫笋茶文化总有些推动;二是在文章里总会留下一些我们的生活点滴,也算是留了些痕迹。

[①]　本篇作者徐小龙:浙江省长兴精工电炉制造有限公司总经理长兴县工业炉行业协会秘书长。

　　但不曾想,明楼先生书写好了,一定要我加一篇文章。这倒是为难我了,书是看过几本,只是写有点胆怯,何况要写茶。但碍于陈先生的执着,也只能硬着头皮提笔。

　　20世纪70年代,父亲和大伯在长兴林城镇创办电炉厂,艰苦创业。1985年,我和弟弟跟随父母由江苏常州迁居长兴林城,当时林城只属泗安港边的一个小集镇。由于古时多以船运为主,江南大部集镇皆以港而成市集,每日早市,在林城老桥两边,有热气腾腾的馄饨铺、有翻滚着热浪的油条铺,这也是我们小学念书的必经之路。印象中两边还有形形色色的摊贩,贩卖各家的诸如蔬菜、山货等土产。那时只记得,父亲会在新茶季,每天早上到集市上去买些优质茶叶,这些自产的茶叶,数量也不多,一次也只能买到二三斤,那时候还没有贩卖的概念,山民自家有多少,就拿多少出来卖!

　　茶叶买回家后,也是我们的快乐时光。父亲会把茶叶放在塑料袋里,一份份称好,母亲则拿出一小段蜡烛,一根旧锯条,先挤出茶叶袋内的空气,然后将袋口回折在锯齿条上,在烛火前轻轻一移,袋口就牢牢地封住了。不安分的我们在边上跃跃欲试,然而看似简单的动作,到我和弟弟手里不是袋口烫个洞,就是一扯就散了,没粘上,在母亲干练的气势下,一溜烟跑开了!

　　这用蜡烛锯条简易封装的茶叶,在父亲看来是最佳的饮品,逢知己必定要分享品鉴一番。我想明楼先生最初一定是喝到了父亲带去上海的紫笋茶,这些茶叶以现在的标准看是极好的,以至于让陈先生义无反顾地一头扎进了长兴紫笋的草木之间,不曾停歇追寻的脚步!

林城镇以北七八公里处,群山连绵,植被茂密,非常适合茶叶生长。此处茶树,均在山坡开垦,以阴山坡茶叶为佳,每年茶季,约三五友人,入山林深处,踏青品茶,在山间大汗淋漓而归时,在山脚处,我爱人的舅舅家里,早已泡好新茶,此时,眼里所有一切只是碧绿,这一饮而尽的惬意,只有饮者自知。此种滋味,别处是无法寻觅的,这翠绿的紫笋和潺潺的泉水应该也是绝佳的搭配。

有一年和明楼先生来到此处,我极力推荐此处紫笋茶,可先生一看、二闻、三品后说:"此茶叶已是早产改良品种,非当地紫笋品种"。我对此甚是失望,看来经济利益的洪流还是不经意间涌入了山间林地,为了实现茶叶早产早收益,上千年长兴贡茶的老品种在逐渐减少,让人惋惜!

明楼先生自 20 世纪 70 年代始,沿着茶圣陆羽前辈的足迹,锲而不舍入周吴岕、登茗岭、访古茶山,几乎走遍长兴角角落落,坚持要寻找长兴本地紫笋茶叶,坚持寻找传统炒制手工艺人,并希望能复制出当年传统手法制作的罗岕茶。

明楼先生在书中对他走进长兴、挖掘紫笋茶文化的点滴记录,是他这 40 年来的一份宝贵回忆,也是为长兴传统紫笋茶文化留存的一点痕迹! 他是我值得尊重和学习的茶人!

二、我与顾渚紫笋茶的亲密接触①

我与顾渚紫笋茶的亲密接触,都是与陈明楼老师相关——虽然之前在上海的数次茶博会上也喝到过,然而,最好的紫笋茶却都是在陈老师的紫笋苑喝到的。

至今记忆犹新的,是第一次与陈老师去长兴紫笋茶区的经历。之前,对于这款历史悠久的名茶,尽管读过一些茶史资料,但一直未能实地看看紫笋茶山。从地理位置而言,这里距离上海非常近,周末前往度假的上海游客非常多,因而也被称为上海的"后花园"。接待前往当地"农家乐"度假的游客也是当地茶农在茶季的工作之一。

记得 2011 年 4 月的一天,正是紫笋茶加工的季节,我带着儿子,与陈老师三人驾车同行,傍晚时分抵达浙江长兴县一家农家乐,那里也是顾诸紫笋茶的主产区之一。那天"农家乐"客人比较多,餐厅里座无虚席,非常热闹。我们三人与店主人一家坐在厨房

---

① 本篇作者张扬:茶叶工程师,毕业于安徽农业大学茶业系机械制茶专业。1985 年起就职于上海茶叶进出口公司,从事出口茶叶的拼配工作。2004年起,受聘担任上海市职业技能培训项目——茶艺师和评茶员的教学工作。现任上海市茶叶学会理事,上海市茶业职业培训中心授课教师,"评茶员"项目国家职业技能鉴定考评员。

里吃晚饭,可能是觉得把我们安排在厨房里有些愧疚,憨厚的老板王祥红不停地抱歉打招呼。看得出来,他与陈老师很熟悉,如自己的家人一样,不知不觉间,天已经全黑了,而陈老师和我已经微微有些醉意。

回到房间歇息片刻,大约在半夜时分,我和陈老师跟着店主王祥红,去他哥哥家看紫笋茶的加工。夜里的乡村道路没有路灯,小面包车开得飞快,晚饭时的酒意让我有些昏昏欲睡。大约过了十几分钟,听到了机器的轰鸣声,似乎开到了一个农户的场院里,灯光亮如白昼。屋内正忙着炒茶,浓浓的茶香飘满屋内,我顿时兴奋起来——好多年没有闻到这样的茶香了,似乎回到了大学里的生产实习基地,有点儿被茶香陶醉了。

可能是为了加工方便,或者是加工数量不多,这户茶农的炒茶加工,是将摊凉以后的鲜叶,用小型电热理条机,一次性地完成了杀青、理条和炒干的过程,而没有专门的揉捻工艺。我们到的时候,这一批紫笋茶正在进行最后的干燥——炭火烘焙,用焙笼以小火慢慢烘干,时间大约是一两个小时。听茶农介绍,这种烘笼是当地加工紫笋茶特有的传统工具,因为费时费力,掌握适当的温度和时间难度较大,也许以后就不会再用了。紫笋茶在炒制的过程当中,传统的制法使用炒干加烘干,也就是我们所说的烘炒结合。现在大多采用理条机加热炒制,最后以电热焙笼烘至足干,省时省力。传统加工方式形成了特定的品质特点,多年以来流传下来的习惯做法,也就形成了一个品种茶的地方特色。要保持传统名茶的品质特点，还是应该保持特定的加工工艺。

次日，跟随陈老师去了大唐贡茶院和附近的几处茶山，去的那个山，是陆羽在茶经中记载的叫做"山桑坞"的地方。大唐贡茶院现在已经是长兴当地的一张名片，周末时游人如织。我对旅游景点的兴致不大，对附近的茶园反而很感兴趣。虽然工作与茶叶相关，但平日里主要与成品茶打交道，与茶树的近距离接触不多，因此一有机会与茶树的近距离接触，使我很兴奋。

跟着陈老师一步步朝山上走去，成片的人工栽培茶园旁边，不时能够看到一些矮小的茶树，零零散散地长在小路边上。山间竹林，沟涧旁边的石块间都有散布的野生紫笋茶。再往上走，茶树就成片多了起来。但是从上往下看，茶树间有许多大小不一的石块，茶树就从石头边上或者石缝中长出来，这就是陆羽所说的"上者生烂石"吧！这样的山岕，在顾渚山一带有很多类似的地形环境，也是很适宜茶树生长的地方。

中午的时候，与陈老师在茶农小方家里午餐，那里有陈老师休息的一个房间，是他一人来山里居住的地方。小屋刚刚新建不久，屋后的山坡上种了水蜜桃和猕猴桃，远处还有茶树。刚好是出春笋的季节，儿子跟小方到地里找笋挖笋，挖出来的笋特别嫩，味道一定特别鲜。跟着陈老师的这两天，看到他有许多山里的好朋友，小方也很尊重陈老师，称呼他大哥，看得出来，他们的交情一定很深。

紫笋茶是历史上记载出现最早而内容又很丰富的贡茶，唐代有许多文化名人都写过很多有关紫笋茶的诗文，茶文化相关的历史资料中，也都会提到顾渚紫笋茶。紫笋茶与茶圣陆羽有关，是陆羽推荐而成为贡茶。陆羽考察浙西一带的茶事活动时，在茶经中就记载了顾渚山茶区一带的茶叶生长环境。

作为一款小众茶，紫笋茶尚未被过度炒作，性价比较高。目前紫笋茶以广泛采用理条机加工为多，主要是干茶的外形稍扁，过于挺直，但其内质相比传统揉捻＋烘炒干燥的茶叶，滋味的醇厚度不够。

2020 年清明节前，我们几位茶友又跟着陈老师来到长兴，再一次看到了手工炒制紫笋茶的全过程。干燥过程中，烘焙数分钟就会把焙笼里面的茶叶倒下来摊凉，再过几分钟，又重新倒入焙笼并再次烘焙……如此反复历经很多次，劳动强度很大，使我不禁想起了六安瓜片拉老火的情景。另外，这一次也到长兴当地的叙坞岕茶厂，参观了紫笋茶的机械化流水线加工。听厂里的葛瑞良老师介绍，现在的这套设备，加工的紫笋茶品质稳定，产量也提高了。他们厂生产的紫笋茶已经连续两年获得长兴县年度紫笋茶"茶王争霸赛"的金奖。从当地的紫笋茶产量上看，推广茶叶的机械化加工乃是大势所趋，一定程度上有利提高紫笋茶的品质稳定。

从成品紫笋茶品质上看，个人感触是：当地群体种以传统手工制法"野山茶"，其外形芽叶自然舒展，芽锋显露；干茶色泽绿润鲜活。内质香气鲜嫩带兰花香，汤色浅绿明亮而清澈，滋味鲜醇甘爽、回味悠长，叶底芽叶较小、鲜绿明亮、嫩匀成朵。"野山茶"尤以其茶汤"水中含香"、滋味似有米汤般的"黏稠感"而见长，这也是我对于紫笋茶最为喜欢的。可惜的是,"野山茶"的茶树生长较为分散,采摘和手工炒制的劳动强度较大,故其产量不高。广大茶友喝到最多的,还是以引种良种培育加工而成的紫笋茶,其干茶外形略扁、较为紧致,色泽黄绿均匀;内质香气多为清香纯正或带嫩香,汤色绿或黄绿明亮,较为清澈;滋味则多为纯正较浓,回味略有不足,叶底绿或黄绿明亮,高等级的匀整度较好。

很希望紫笋茶这一地方名优茶,能保持传统名茶的特色品质。让茶人能喝到在唐代即为贡茶的紫笋茶,从而去了解悠久的唐代贡茶文化,也是紫笋茶更珍贵的文化内涵。

三、长兴、紫笋茶与霖声①

20多年前,当明楼将一种我不曾见过的茶——紫笋茶推荐给我品尝时,我对外包装上印着"唐代贡品"的字样是不甚了了的。但在细细品味以后,觉得紫笋茶茶汤清澈,有一股别致的香气,且回味微甘,喝茶以后给人以醒脑惬意的感受。随着和明楼以及其他亲朋好友多次到紫笋茶的产地浙江湖州长兴旅游品茶,渐渐领略了长兴丘陵地区别样的风情,同时对紫笋茶的传说留下了比较深刻的印象。

---

① 本篇作者蒋宏发,上海天原化工厂原厂工会主席。

278

　　记得第一次去长兴是在明楼陪同下进入这片从未到过的浙北地区。虽然以前曾到过不少上海郊区或邻近上海地区的农乡古镇，但首次进入长兴水口镇顾渚山区时，这里山碧水秀、空气清新，使人耳目一新。在少有工业装置的苏浙皖交界处，接受大自然的拥抱是令人心旷神怡的。长兴旅游如火如茶地发展，除了环境优美、管理到位，那里物产（农副产品）丰富，茶叶独特也是重要的原因。

　　明楼在近70年的人生旅途中，几乎有一半以上的时间是与长兴和紫笋茶息息相关的。机缘巧合，紫笋茶吸引了他，他结识了长兴的朋友，无数次奔波在上海和长兴之间，在不断推介紫笋茶的同时，他已经把身心乃至灵魂融入其中。在企业因停产搬迁的困难时刻，明楼作为单位的中层干部，主动向领导提出下岗分流，为企业分担压力。回顾他从一名基层工人做起，经单位培养学医后，担任企业内保健站中医医生，再后成为单位中层干部，面对企业困境，他自谋职业，前途未卜，虽然一路坎坷，但凭着自信自强、踏实做人、不辞辛苦，以及对茶叶的熟悉，加上长兴朋友们的相助，在推介紫笋茶的过程中，逐渐对整个茶叶行业产生浓厚的求知欲，不断学习，努力钻研，让自己变成一名认识紫笋茶、了解茶文化、活脱脱的"茶痴"。他的"明楼茶文化工作室"，就是他在探索学习茶文化过程中凸显的灵感。也正因为如此，他参加了上海市茶叶学会，并学完从初级到高级的茶叶审评课程，获得了"高级评茶师"的职称，还加入了上海科普作家协会。从他爱上紫笋茶开始，又逐渐走向更远更多的茶叶产地,既通过学茶开拓视野,又领略了各地风光。

他喜爱上了旅行,从他拍摄的茶山及各地风光美篇来看,他是一个不错的摄影爱好者,构思独到,取景工整,每每可以拍出有专业水平的摄影作品。同时,他还是一位具有相当水准的诗作者,虽然不能和各代大诗人比肩,但由于有较好的文学功底,所以在他不少为摄影作品配作的小诗中流淌着借景抒情、油然而生地对生活的感悟。各位读者从他的作品中一定会感受他的文人气息。

作为明楼多年的同事和有着共同语言的朋友,我虽然不能评判他的人生,但是根据我对他的了解,我由衷地感叹他的人生如此绚丽多彩。在此我想用他的微信名"霖声"借题发挥抒发一下自己的感想。"霖"的字面含义是有福气、恩泽无尽,属于吉祥又儒雅的字眼。而"霖声"则有温润如玉、福满乾坤、恩泽万世的意思。这可理解为"霖声"是明楼大半生追求的真实写照。在 40 年的与长兴有交集的过程中,他对长兴有了深深的依恋,视长兴为第二故乡,而向世人推介紫笋茶成了他义不容辞的责任。在此,我有幸受他的影响,也成了关注长兴和紫笋茶的随行者。时至今日,虽然不能说他的事业取得了多大的成功,或者说他挣到了多少钱,但在我看来,他与许多原先职位比他高、收入比他多的人相比,他得到了对人生更丰富的诠释和感悟。

在明楼新书即将出版之际,衷心祝愿他在今后的日子里,百尺竿头,更上一层楼,勇于探索、继续进取,不断获得新的成功!

图 7-1　老同事蒋宏发(右)和徐建平在紫笋苑喝茶

第二节　长兴紫笋茶产业调研[①]

一、概述

长兴县地处太湖西南岸,是浙江省的北大门,东经 119°33′~

①　本篇作者钟心尧,硕士学历,2014 年毕业于吉林农大植物系研究生专业。现在长兴县农业农村局从事茶叶方面工作。担任长兴县茶叶行业协会秘书长,中级评茶员、初级茶艺师,浙江大学湖州市现代农业产学研联盟本地专家。

120°06′,北纬 30°43′～31°11′。位于长江三角洲的腹地,南、西、北三面环山,东临太湖。长兴属亚热带季风气候,常年平均气温 15.6℃,无霜期 226 天,年降水量约 1 309 毫米,空气相对湿度 80％左右,年日照时数 1 810.3 小时,全年光照充足、气候温和、降水充沛、四季分明、雨热同季、温光协调,适宜茶树生长。紫笋茶核心产区顾渚山属低山丘陵,坡度平缓,植被丰富,土层厚,有机质含量高,独特良好的小气候条件孕育出流芳千年的紫笋茶。

"唐宋元明清,从古喝到今。"长兴紫笋茶自唐代被茶圣陆羽推上贡茶鼎座,直至唐末近百年间,其第一贡茶的地位始终无人撼动。发展至今,紫笋茶产业仍是长兴县农业产业的一张金名片,是长兴茶产业的特色品牌,也是百姓增收致富的重要渠道之一。为此特将长兴紫笋茶产业调研列为 2020 年农业重点调研课题,围绕紫笋茶历史与文化、产业发展状况、存在问题开展了深入调研,这对振兴长兴紫笋茶产业、发展紫笋茶经济具有重要的现实意义。

全县共有产茶乡镇 13 个,茶园总面积 15 万亩,全年春茶总产量 2 855 吨,一吨产值 13.26 亿元。1982 年、1985 年及 1989 年紫笋茶分别被国家商业部和国家农牧渔业部评为全国名茶,是浙江省首个具有部级农业行业标准的茶叶类产品;2010 年,长兴紫笋茶成为浙江省第一个通过国家农产品地理标志登记的产品,紫笋茶制作技艺被国务院列入第三批国家级非物质文化保护遗产名录,中国国际茶文化研究会同时授予长兴和紫笋茶分别为"中国茶文化之乡"和"中华文化名茶"称号;2015 年"紫笋茶"证明商标申报成功,跻身"中国茶叶区域公用品牌价值"百强行列。

二、长兴紫笋茶历史与文化传承

(一)紫笋茶的由来

早在一千多年前的唐代,长兴顾渚山区得天独厚的茶生环境引起了茶圣陆羽的关注,并以此作为长期考察、研究和实践的重点,在顾渚山各个岭坞考察茶事,品茶鉴水,撰写了《顾渚山记》,称颂"顾渚山之茶,芳香甘洌,冠于他境,可荐于上"。因其萌苗紫而似笋,紫色又代表高贵,陆羽在《茶经》中记载:"野者上,园者次;阳崖阴林,紫者上,绿者次;笋者上、芽者次;叶卷上,叶舒次",故名紫笋茶。

长兴紫笋茶自清代停产以来,随着时代的变迁,采摘和制作也随之演变,从嫩叶带紫的芽头到现在的一芽一叶或一芽二叶初展,从古时的蒸青饼茶到现代的炒青散茶,紫笋绿茶于1979年恢复生产,如今的紫笋绿茶为半烘半炒型绿茶。

(二)紫笋茶发展历程

长兴紫笋茶在唐大历五年(770)被列为贡茶,至清朝顺治三年(1646)停止,连续进贡876年,是中国贡茶史上进贡时间最早、进贡规模最大、贡茶品质最好、贡茶历史最长、贡茶数量最多的贡茶,堪称中国贡茶之最。

为了满足对紫笋茶的需求,公元 770 年始"分山析造"并建贡茶院。至会昌中(843 年)贡额到最高峰,岁贡达一万八千四百串(斤),其时贡茶院规模"焙百余所,匠千余,役工三万。"贡茶已成为地方的重要"中心工作","诸乡芽茶置焙于顾渚,以刺史主之,观察使辅之。"每年立春后四十五日,湖、常两州刺史奉昭亲自修贡,这一"制度性工作"一直延续到李唐衰亡。

紫笋茶自清顺治三年(1646)长兴知县刘天远"豁役免解"以来,失传 300 多年。在建国初期,紫笋茶开始稍许生产,由于各种因素影响,产量极其有限,未能完全保持贡茶特色。20 世纪 60 年代,省茶叶公司唐立新、原浙江农业大学庄晚芳等专家教授提出要尽快恢复生产紫笋茶这一历史名茶。1976 年县供销社土特产茶叶主评周火生带了一批专家来到水口顾渚开始对紫笋茶的试制,但因缺乏经验,对采摘鲜叶的规格、摊青时间、杀青的温度及烘制等一系列问题没有解决,在多年失败尝试及总结经验的基础上,提出了"紫笋茶要保持其芽叶完整、条索紧裹必须走"半炒半烘"路子,鲜叶的采摘标准为一芽一叶初展,制作工艺为摊青、杀青、理条、烘干"等思路,并炒制了首批 60 多斤紫笋茶,经省茶叶专家品评,一致认为紫笋茶色、香、味、形均冠于诸茶之首,保持了贡茶时的固有特色。1982 年、1985 年及 1989 年紫笋茶分别被国家商业部和国家农牧渔业部评为全国名茶。2010 年,长兴紫笋茶成为浙江省第一个通过国家农产品地理标志登记的产品,紫笋茶制作技艺被国务院列入第三批国家级非物质文化保护遗产名录,中国国际茶文化研究会同时授予长兴和紫笋茶分别为"中国茶文化之乡"和"中华文化名茶"称号。2015年"紫笋茶"证明商标申报成功,跻身"中国茶叶区域公用品牌价值"百强行列。我县先后制定并出台了NY/T 784-2004《紫笋茶》农业行业标准以及 DB33T 294.2-2000《长兴紫笋茶》省级地方标准,是浙江省首个具有部级农业行业标准的茶叶类产品。

(三)长兴紫笋茶的历史文化地位

紫笋茶的定贡与《茶经》的问世,吸引着当时无数官宦名士介入到茶的主题之中,而贡茶院的设立,是中国贡茶史上最早由民间土贡改为官贡的转折点,并由此而衍生出诸如茶叶的种植、采摘、制作、储存、运输以及茶具、饮法等一系列的技术性革命。与此同时,贡茶制度的确立,形成了地方重大的"中心工作内容",一个由"中央"倡导,地方围绕及社会上流纷纷介入的"大事要事"。它对当地经济、社会发展的影响具有相当的引领作用。

在中晚唐的近百年间,有颜真卿、杜牧等40余位刺史在此修贡督茶,白居易、张志和、刘禹锡、皮日修、陆龟蒙等大批名士到访和雅集联句与境会斗茶,数百首茶诗此吟彼唱,饮茶爱茶成为时尚,以茶会友更成风雅。茶道初提,茶宴首创,茶山独称,茶礼大行,中国真正意义上的茶文化趋向形成和发祥。现存叙午岕的古茶山和明月峡等三地九处的摩崖石刻,是茶文化发祥的有力见证。

古茶山完好的原生态与《茶经》所载"紫者上、笋者上""阳崖阴岭，上者生烂石，中者生砾壤，下者生黄土"等论述浑然相合。而关乎茶事的摩崖石刻则将当年的盛况昭告后人，成为一段无需考证和永远抹不去的历史佐证。尤其是白羊山石刻，刺史袁高为我们留下一个"茶"字的当时写法"茶"。它表明"茶"字的应用始于唐代，"茶""茶"的转换说明人们对同一物种的理解转换，这种转换也证实了茶文化的形成与发祥。因此，长兴紫笋茶文化的形成在中国茶文化历史中有着举足轻重的地位。

三、现今长兴紫笋茶产业

（一）笋茶种植面积

紫笋茶总面积 3.7 万亩，主要分布在水口乡、泗安镇、小浦镇等乡镇，种植面积 50 亩以上的有 18 户、共 8 368 亩；主要品种有无性系龙井 43、浙农系列、中茶系列、鸠坑种等茶树优良品种；年产量约 500 吨，总产值 3.5 亿元。全县茶叶良种率达到 90% 以上，先后4 次被评为全省茶树良种化先进县。

（二）紫笋茶生产加工情况

全县 48 家茶企获准 SC 食品生产许可认证，建有省级标准化名茶厂 3 个，自动化连续化加工流水线 5 条，日加工能力达 1.5 万公斤，年节本增效 1850 万元。长兴先后被评为浙江省茶厂改造重点示范县、浙江省初制茶厂优化改造工作先进县。

2010 年长兴紫笋茶申报浙江省农产品地理标志，当时规划的范围为长兴县水口乡、夹浦镇、小浦镇、煤山镇、白岘乡、龙山街道、雉城镇、林城镇、泗安镇、二界岭乡、吴山乡、和平镇、李家巷镇、洪桥镇及国营场站等地的天目山余脉山区，辖 15 个乡镇 92 个村（场）。

第三节　顾渚山茶与唐代名人①

一、长兴顾渚山

六月的顾渚山，被新长出的紫笋茶枝包裹了起来，在云烟氤氲衬托下，仿佛浸在水中的翡翠。

"紫者上，笋者上。"茶圣陆羽留在《茶经》中的这一评价，让千年之前的紫笋茶成为宫中首选，也让那些茶的气息，山的气息，时

---

① 本节作者任倩，长兴传媒集团记者，本文载于 2020 年 8 月 21 日《光明日报》。

间的气息,人情的气息,经过时光的淬炼,与情感和信念混合在一起,在沸腾的汤水中,才下鼻息,又上心间。

茶,是古老中国象征之一,煮茶论道,品茶吟诗,简单的画面便能牵引出灿烂的中国茶文化。如果说这片小小的绿叶被赋予文化内涵起源于一座山,无疑,是顾渚山。

顾渚山是坐落在太湖边的一组群山,2500年前,吴王阖闾弟夫概来此察看地形,"顾其渚次,原隰平衍,可为都邑之地,故名"。千百年来,古木与青竹耸拔。方坞岕和狮坞岕,大片大片的野生茶园在这默默生长,直到遇见懂它的人——陆羽。

相传,陆羽游历四方来到此地。生长于烂石之上、阳崖阴林的紫笋茶,让他感叹"紫者上,绿者次;笋者上,牙者次;叶卷上,叶舒次"。故与皎然、朱放论全国诸茶时,断定"顾渚第一",顾渚茶遂成唐朝贡茶。

于是,山脚下建起了大唐贡茶院,史上第一家皇家茶厂也成为世界茶文化发源地。鼎盛时期,这里"焙百余所,匠千余人,役工三万"。公元843年,贡额达18 400斤。

如今看来,陆羽在《茶经》中说,"上者生烂石",不无科学道理,方坞岕和狮坞岕都围绕在碣石山的东西两侧,海拔五百米,常被云雾遮盖,受太湖影响,雨水丰沛,适合茶叶生长,而烂石富含硒等微量元素,生于烂石之上的茶叶更益于健康。

阳崖阴林,一方面满足茶树的光合作用,另一方面落下的树枝落叶,又成为天然的肥料,让茶芽粗壮肥硕、饱满似笋,色紫,而老叶则呈墨绿色、且厚实，这的确是"砾壤""黄土"之上的茶无法比拟的。

当地人爱惜此等珍贵的茶叶，一年一次的春茶采摘后，就砍截茶树的上半截，等待来年再生，保证茶叶最鲜的口感。

二、陆羽的传说

千年之前，陆羽隐居于此，研茶访茗，挑灯著述，撰写了《茶经》《顾渚山记》等茶文化的奠基之作。唐代，是长兴紫笋茶最辉煌的时期。史料记载，唐时有 28 位刺史，先后来顾渚山督造贡茶。刺史常以立春后四十五日入山，谷雨还，督促地方上组织采摘、新茶督造、及时递送。

而贡茶院的制茶工艺，也力求精细。陆羽在《茶经·三之造》中这样描述："采之、蒸之、捣之、拍之、焙之、穿之、封之，茶之干矣。"首批完成后，用黄祆裹茶、银瓶鉴水，使驿马急送京都长安。"驿骑鞭声砉流电，半夜驱夫谁复见。十日王程路四千，到时须及清明宴。"唐代诗人李郢描绘的便是这一场景。

到了宋代，茶饼制作技艺步骤更为精致，宋法奢于唐法，经采择、涤濯、蒸、压黄、研膏、压模、焙火等工序精制成团茶。到了明代，朱元璋为轻徭薄赋，下旨改团（饼）茶为散茶，蒸青散茶、炒青散茶开始流行。明代制法延续至今，并发展出青茶、红茶等多种工艺。

"芽叶显紫,新稍如笋,嫩叶背卷,青翠芳馨,嗅之醉人,啜之赏心。"现代工艺制作的紫笋茶,依旧让人流连忘返。散茶芽形粗壮、厚实(紫笋野茶稍为细长),干茶色泽绿中带黄,白毫隐现;香型独特,蒸青多兰香,炒青为甜香,红茶、黄茶两种香型兼具。冲泡汤色黄亮、红亮、清澈,茶叶舒展呈底梗部朝下的花朵状,三泡不淡,五泡有味。千年之后,依旧滋味醇厚,余韵绵绵。

陆羽在这里构建起宏大的茶文化,这里的每一条山谷,每一泓清泉,每一片竹海似乎都在竭力接近艺术。

史书上说:"顾渚贡茶院侧,有碧泉涌沙,灿若金星。"这便是金沙泉,清澈明亮、口感甘冽,上游由三条溪流汇成一条长达十多公里的金沙溪,再绕着贡茶院、清风楼、木瓜堂、仰高亭等汩汩而去。

"泉嫩黄金涌,牙香紫璧裁。"杜牧在任湖州刺史期间,在顾渚山"修贡"时写下《题茶山》一诗,赞美"水好茶香",水是金沙泉,茶是紫笋茶。"斯须炒成满室香,便酌沏下金沙水。"刘禹锡的诗句更是道明,紫笋茶配金沙泉已经是当时的标配。陆羽《茶经·五之煮》记录的"其水,用山水上,江水中,井水下。其山水,拣乳泉、石池慢流者上。"更是说明"沙泉水冲泡紫笋茶"是当时官方发布的最佳煮茶之法。

品茶、赏泉、吟诗、作画,丰富的茶文化内涵,让中国历史上那些令人仰止的名家们也在这片土地上稍作停留。

"大唐州刺史袁高,奉诏修贡""使持节湖州诸军事刺史臣于頔,尊奉诏命""刺史樊川杜牧奉贡",数任湖州刺史在修贡期间题有摩崖石刻。目前,水口乡遗存的唐代摩崖有三地六处;西顾山有三处,题名刺史为袁高、于頔、杜牧;五公潭有二处,题名刺史为张文规、裴汶;霸王潭有一处,题名刺史为杨汉公。

三、历史留痕

今天,摩崖石刻上当年的刻字依稀可见,引来日本、韩国、东南亚等国以及我国的台湾、香港、澳门等地茶人朝拜。

人们拾级而上,感受白居易笔下"珠翠歌钟俱绕身"的"境会茶山夜"盛况;体会袁高、杨汉公等朝廷命官为民请命的凛然正气;领略陆羽、颜真卿、杜牧、张文规、白居易、陆龟蒙、皮日休等名流雅士在顾渚山间赋诗吟咏时的倜傥风采。

抚摸这些凹凸不平、饱经沧桑的石刻题记,像是触摸到了那些逝去的岁月,看到了茶文化发祥地的明证。张文规《湖州贡焙新茶》诗里,写到了紫笋茶送达后皇家的兴奋:"牡丹花笑金钿动,传奏吴兴紫笋来";钱起从京城归家,首先要会茶人,要品紫笋茶,留下了"竹下忘言对紫茶,全胜羽客醉流霞";茶道之祖皎然是长兴人,更是在与友人饮茶时写道,"九日山僧院,东篱菊也黄。俗人多泛酒,谁解助茶香"。

古茶古泉滋养了顾渚山人,山里人心怀感恩。在金沙溪边,常有老人焚香燃烛以祭,对古泉顶礼膜拜。

每到清明时节,这座古老的茶山总会被"茶发芽"的呼喊声唤醒,大唐贡茶院也总会举行一场对茶圣陆羽的祭典:茶女们带着紫笋新茶和金沙泉水,配以紫砂壶,组成"品茗三绝"的茶艺;祭祀舞祈求茶业兴旺,岁月平安;爱茶之人向茶圣敬献紫笋茶枝,大唐宫廷茶礼也参照当时用于招待皇家贵族和国外使者的礼仪,再现唐时宫廷煮茶的盛况。

如今,这里呈现出一番新景象,溪边莳花种草、栽瓜植蔬、堆柴积货。原生态的生活方式、内涵丰富的茶文化吸引都市人前来休闲观光,催生了当地民宿、茶旅游的发展。

随处可见的"茶文化",给顾渚山下的民宿平添了几分人文色彩,让游人于游山玩水中意外获得了一份地方文化滋养。想当年这里出过贡茶,陆羽、皎然、颜真卿、杜牧、陆龟蒙等历史名人在此活动,留下了千古美谈与作品。

曾经作为贡茶的一枚茶饼,而今幻化出紫笋茶、紫笋茶饼和紫笋抹茶等系列产品,绿茶、黄茶、红茶、青茶四种制茶工艺,散茶、饼茶、袋泡茶、混味茶的饮用方式,都让长兴茶产业的文化内涵更加丰富。

"诗和远方"和"柴米油盐"在这里找到了交汇点,人间烟火,带着原始、质朴的本真气息,如紫笋般,历经千年,生生不息,历久弥新。

第八章 国际茶友说紫笋

第一节 紫笋茶香飘海外

一、中日茶缘话紫笋

佐藤良子对中日的茶文化研究颇深,专门来上海学习茶叶技艺,并取得了高级茶叶审评师的资质,经常组织日本茶客到紫笋苑开展茶艺品茶活动,并称其为紫笋茶会。《紫笋茶缘》完稿后,专门请她审读。下文是她的读后感。

《紫笋茶缘》成书寄说①

首先衷心祝贺陈明楼先生《紫笋茶缘》一书即将出版,这是陈

_____

① 本篇由王子丽译。

先生 40 多年来对紫笋茶一如既往的热爱而收获的成果。书籍可以传承，由衷为此书出版感到欣喜。

我叫佐藤良子，是 60 后日本女性，自从和陈先生相识后，多年来我们超越了国籍、性别、年龄、职业经常一起进行交流、探讨，有时自己也觉得不可思议，此段缘分从何而来？这要从日本茶文化开始说起。

20 年前我随丈夫来到中国，那时的上海正是经济高速发展跨入现代化城市的阶段，高楼大厦像雨后春笋般地拔地而起。不仅仅是城市，人们的面貌也发生了巨大的变化。女性穿裙子了，更多女性开始化妆了，人们争先恐后地走出国门开始海外旅游了，名牌服装、名牌包包、高级轿车随处可见。上海街景迅速地发生了变化，但也有不变的地方，那就是陈明楼先生经营的"紫笋苑"茶室，它在上海这个都市森林中泰然处之。

我带过很多日本朋友去陈先生的茶室，日本瑜伽老师称赞道这里风水真好；又有朋友感叹地说："不敢相信这儿是上海，简直就是仙人之居"。大家都很惊讶在上海这样一个大都市中心竟然还有一家这么隐秘的茶室。

我在日本学过茶道、花道，所以我知道饮茶文化是从中国传入日本的，来到上海后我就开始探索它的起源。茶文化从中国传至日本分为三个阶段：第一阶段是日本的平安时代前期（800 年初），从唐朝引进了煮茶的饮用方法；第二阶段是日本镰仓时代初期（1100 年后期），从宋朝引进的打抹茶的饮茶方法；第三阶段是日本的江户时代前期(1600 年后期),从明朝引进了茶叶冲泡后饮其汤汁的饮茶方法。

这里我想主要谈一下第一阶段传入日本的煮饮文化。它是从9 世纪(约 1200 年前)唐代陆羽的《茶经》传入日本后人们把团茶研磨成粉末品饮开始的,这些在日本的汉诗中都有描写,证实了平安时代日本人已经在饮用唐代陆羽《茶经》中所写的固形茶。公元814 年在小野峯守·菅原清公·勇文继献给嵯峨天皇文的勅撰汉诗集《凌云集》中又有吟诵室内煮茶的烟雾和茶香飘逸的场景,这种捣茶和煮茶的方法与《茶经》中所记载的固形茶的制作法和饮茶法相一致,由此可推测当时日本已学会了制作固形茶,并且把它研磨成粉末后煮饮。那么猜测一下当时传入日本的茶原料产自中国何处?是不是当时的贡茶紫笋茶呢?有关日本最古老的茶史料《日本后记》(815 年)中有这样一段记载:有一天嵯峨天皇一行离开行幸地滋贺县大津市唐崎(现名)后,又去了比叡山麓的崇福寺和紧邻的梵释寺。梵释寺的住持大僧都永忠亲自煎茶敬献给天皇。这里可以推测当时的茶是煮后品饮的。

日本曾经派出留学僧侣去中国(当时的唐朝)学习最先进的中国文化,这批人被称作遣唐使。他们把学到的知识带回了日本寺院,茶和茶文化就是其中的一项。当时的寺院就像一所综合大学,传播着最先进的文化与技术。日本人非常憧憬和崇拜中国文化,当时优秀人才都拚命地学习、模仿和实践。这段历史就是我想探索的日本茶文化的起源,我意识到去中国学习茶道就是摸索日本综合艺术茶道起源的最佳途径。

2000年我来到了上海,得知中国把茶道叫作茶艺。并且听说有茶艺师国家技能资格考试,于是我去了天山路上的上海职业培训中心报名学习茶艺课程。在茶艺学习过程中,我又得知中国还有茶叶审评这项有趣的学问,我又报名参加了茶叶审评师的学习。就这样我从初级审评到中级审评,最后在2008年9月进入了首届高级审评师班(共29名学员),数年一起学习的同学中就有陈明楼先生。我们班同学的年龄参差不齐,职业也各不相同,有中医医生、也有公司职员。陈明楼先生是一位有着丰富阅历的公司干部,他理所当然地当上了我们的班长。和蔼可亲的陈明楼先生热情帮助班里的每位同学,丝毫没有看轻我这个外国人,经常课后给我补课,耐心地给我解释课堂上的内容,并且还传授给我很多课本上没有的知识。那时候陈先生已经有20多年的紫笋茶研究经验,经常借车带同学和老师去紫笋茶产地实地考察学习,参观紫笋茶制茶全过程;陈先生还带我们去体验农家乐,当时农家乐可是个新生事物,我们是最早享受到农家乐的人群。

首届高级审评班29位学员、包括班主任共4位老师,大家都非常尊敬陈明楼先生,亲切地叫他"陈老师"。陈老师拿到高级茶叶审评师资格后,在上海茶叶学会致力于紫笋茶的宣传,为了提高紫笋茶的知名度,经常带上海客人穿梭在产地浙江长兴的茶园中。在种类繁多的中国茶叶中陈明楼先生对紫笋茶情有独钟,他追逐紫笋茶整整40多年。在他身上看到了类似日本匠人的姿态和精神。称他为"紫笋茶大师"一点都不为过。

在高级茶艺师学习的时候,遇到了一首好诗。唐元和六年,卢仝收到好友谏议大夫孟简寄来的茶叶,邀韩愈、贾岛等人在桃花泉煮饮,写下了著名的"七碗茶歌"。卢仝的茶歌所表达的饮茶感受,不仅仅是口腹之欲,而是将"竹串子茶"的药理、药效融入其中。醒神益体、净化灵魂、激发文思、凝聚万象、制造了一个妙不可言的精神境界。

一碗喉吻润,二碗破孤闷。

三碗搜枯肠,惟有文字五千卷。

四碗发轻汗,平生不平事,尽向毛孔散。

五碗肌骨清,六碗通仙灵。

七碗吃不得也,唯觉两腋习习清风声。

当我读到这首诗的时候脑海里首先浮现出的是紫笋茶。在数以千计的中国茶中为什么首先想到了紫笋茶,有以下七个原因:

一是紫笋茶有着悠久的历史,它是十大名茶之一。

二是唐代陆羽推荐的第一号贡茶。(有第一或第二号贡茶之说)

三是紫笋茶与"七碗茶"诗年代一致。

四是有关紫笋茶的故事很多,它是一款充满浪漫的历史名茶。

五是紫笋茶干茶看上去很普通,经过冲泡汤汁晶莹清澈,宛如仙茶。

六是紫笋茶有着清爽的滋味、气爽的香气,神清的魅力。

七是陈明楼先生写过许多有关茶的诗句,"听雨声如磬清心无我,观翠芽似笋怡神有茶"尤为传神,已经深深地印在了我的脑海里。

紫笋茶的冲泡方法很简单,把茶叶投入玻璃杯里,再注入热水。茶叶开始慢慢地舒展,在水中翩翩起舞,极具观赏性。

近来冲泡绿茶也用像冲泡乌龙茶那样的工夫茶器具,精致可爱(盖碗或紫砂壶、公道杯、小品铭杯),冲泡紫笋茶也常用此种器具。只要接触过中国茶艺的日本朋友都会被它所吸引,大家都会迷上紫笋茶,真是妙不可言,值得庆贺!

衷心地期待通过陈明楼先生《紫笋缘记》一书的出版,让更多人了解紫笋茶,让中国名优紫笋茶能进入世界的视野。

祝陈明楼先生身体健康,事业蒸蒸日上!

附原文

陈明楼老师　《紫笋茶缘》祝出版　寄稿文

2020 年 11 月吉日

　この度は陳明楼先生による著書《紫笋茶縁》のご出版を心よりお喜び申し上げます。

陳先生の紫笋茶に対する 40 年以上の変わらぬひたむきな情熱が実を結び、書物となり後世へ引き継がれることを大変嬉しく思います。

日本人女性である私が、国籍、性別、年齢、職業を超え、なぜ陳氏と出会いそして長年にわたる交流を続けられているか。

また日本の茶文化の源流について、この場を借りてご紹介させて頂ければと思います。

　　私の名前は佐藤良子。1960 代生まれの日本人女性。2000 年、今からちょうど20 年前に夫と共に上海へやってきた。

そのころから上海は急速な経済発展で高層ビルがにょきにょきと建つ先進都市になった。上海に住む中国人の暮らしもどんどん変わった。女性の服装はズボンからスカートへ、また多くの女性が化粧をするようになった。そして競って海外旅行をし、セレブ達はスーパーブランドを身につけ、高級車を乗りまわす。

　　景色がどんどん変化する上海で今も変わらないものがある。それは、紫笋茶に魅せられた陳明楼氏が運営する茶室《紫笋苑》である。上海の都会のジャングルにひっそりたたずむ紫笋苑。上海でここだけが時がとまったかのようである。

私はこれまで多くの日本人を陳氏の茶室へ案内した。

大阪で活躍するヨガの先生は、ここはなんて風水が良い場所でしょう! と。また友人達は、本当にここは上海なの!? まるで仙人の家みたい。と言った。

皆が一様に、上海の中心部にこのような隠れ家の的な茶室があることに驚いた。

　　日本で日本茶道と日本華道を学んだ私は、中国から喫茶文化が伝えられたことを知っていた。そこで、この上海でその喫茶文化の起源を探求してみたいと思った。

日本へは過去 3 度当時の先進国である中国から喫茶文化が伝え

られた。一度目が平安時代前期、西暦800年の初め。中国の唐から茶を煮だして飲む方法が伝えられた。

二度目が、鎌倉時代初期、西暦1100年代後半、中国の宋から抹茶に湯を浸し攪拌して飲む方法が伝わった。

三度目は江戸時代前期、西暦1600年後半で中国　明から茶葉を湯に浸しそのエキスを飲む方法が伝えられた。

今回はこの一度目の日本への茶の渡来に注目してみよう。

　日本の喫茶文化は9世紀（約1200年前）に、唐代　陸羽の《茶経》や日本の漢詩に書かれたように、中国の唐から、団茶とそれを粉末にして飲む喫茶方法が伝えられたことに始まる。

中国　唐時代、陸羽の《茶経》にみられる固形茶が平安時代の日本で飲まれていたとする説を物語っているのが、日本の漢詩の中に出てくる茶の描写である。814年小野峯守・菅原清公・勇山文継が嵯峨天皇に撰進した最初の勅撰漢詩集《凌雲集》の中には、建物内が茶を煮る煙で満ちている様子をうたったものがある。このように茶を搗く、茶を煮るという表現が《茶経》に見られる固形茶の製茶法や飲み方と一致する。

この時日本へ伝わったのは、中国の何というお茶だったのだろう？ 当時の中国で献上茶であった紫筍茶ではないかと考えることも可能である。

また日本最古の茶に関する史料　《日本後紀》815年　には、この

日嵯峨天皇は、現在の滋賀県大津市唐崎に行幸された。一行は
そのあと比叡山麓の崇福寺へ、次いで隣にあったとみられる梵釈
寺へと向かった。梵釈寺では住職の大僧都永忠が手ずから茶を
煎じ、それを嵯峨天皇に献じた。という記載がある。
ここからも当時茶は、煮だして飲んでいたと考えられる。

　日本では、遣唐使と呼ばれる留学僧が中国（唐）へ派遣され世
界で最進んだ中国文化を学びそれを日本の寺院に持ち帰った。
茶と茶文化もその一つである。
当時寺院は総合大学のようなものであり、最先端の文化や技術
を発信していた。中国文化は日本人にとって憧れであり、日本の
エリートたちが必死にそれを学んだ。

　ところで現在の中国で、喫茶文化の起源を探求するためには、
私はどのようにすればよいのだろう？日本では総合芸術と言わ
れている茶道を上海で学んでみたいとその道を模索した。

　2000年私は上海に渡ってから、中国では茶道とは言わず茶芸
ということを知った。そして茶芸師という国家技能資格がある
こともわかった。
中国語もろくにわからない私だったが、すぐに上海市天山路にあ
る、上海職業訓練学校へ駆け込み茶芸師の勉強を開始した。素
晴らしい先生と優しいクラスメートに恵まれた。
そして茶芸の勉強をするうちに、中国には評茶という茶葉の判

定をする面白い学問があることを知った。

　その同じ職業訓練学校で2000年初頭より初級評茶師班、中級評茶師班、2008年9月開講の首届（第一期）高級評茶師班まで数年間にわたり共に学んだのが陳氏であった。

そう、陳氏と我はクラスメートであった。クラスメートは、男女、年齢様々、職業は中医、会社の幹部など多岐にわたっていた。華麗なる経歴を持つ陳氏は班長に任命された。

陳班長は慈愛に溢れクラスメートの世話をよくしてくれた。初心者の我々とは対照的に、当時陳氏はすでに20年以上紫笋茶の研究をされていた。また外国人である私のことも一切差別なく皆に公平で親切丁寧。授業で習わないお茶の事までも教えてくれた。時には茶葉学会の先生と我々を紫笋茶の生産地まで連れて行き、当時まだ珍しかった農家楽という農家が経営する民宿での宿泊や、工場での紫笋茶の制作工程の見学・体験をさせてくれた。

首届高級班は29名クラスメートそして4名の講師陣と班主任がいた。クラスメートだけでなく講師陣までもが陳氏に敬意を払い、陳老師と呼ぶようになった。陳老師は高級評茶師の資格習得後も、上海茶葉学会内で精力的に紫笋茶を紹介し、上海の茶人たちを産地である長興へ幾度も案内し紫笋茶の知名度アップのために尽力されている。

　膨大な種類がある中国茶。

その中で陳老師はたったひとつだけのお茶、紫筍茶を40年もの間追求している。一本筋であるその姿はまさに日本の職人の姿と重なる。

陳氏のことを、紫筍茶マイスターと呼んでも過言ではない。

　そして私は、高級茶芸師班受講の際に唐代の素晴らしい詩と出会った。

唐代（唐元和6年）　盧仝が良き友人である孟諫議から送られた
　新茶を煮て飲んだ（当時　茶は煮て飲んでいた）時の想いを詠んだ有名な歌である。

　千古の絶唱と称される漢詩

《走筆謝孟諫議寄新茶》

　筆を走らせて孟諫議の新茶を寄するに謝す

　　一碗喉吻润

　　两碗破孤闷

　　三碗搜枯肠　唯有文字五千卷

　　四碗发轻汗　平生不平事　尽向毛孔散

　　五碗肌骨清

　　六碗通仙灵

　　七碗吃不得也　唯觉两腋习习清风生。

（日本語訳）

1 杯目はまずのどと口を潤し、2 杯目は寂しさをやわらげてくれた。

3 杯目は飲むとしぼんだ詩情がよみがえり、文字が5000 巻も湧いた。

4 杯目を飲むと、軽く汗が出て平生の不満不平はすべて流されてしまう。

5 杯目を飲むと、体が清められ6 杯目を飲むと神仙の御霊に通じた。

7 杯目はもう飲んではならぬ、もう両脇を吹き抜けていく風を感じた。

盧仝は7 杯の茶を飲んだ後に、それぞれの違う感覚を描写した。

初めてこの歌と出会った時に、私の頭の中には紫笋茶がまっさきに浮かんだ。少なくても千以上の種類のある中国茶の中からなぜか紫笋茶　が真っ先に浮かんだのである。

それには、7つの理由がある。

1) 紫笋茶は中国十大銘茶のひとつである。

2) 紫笋茶は唐時代　陸羽の進言により中国最初の献上茶となった。（実際には1 番か2 番か未だ謎である。）

3) 紫笋茶の出現と、この詩が詠まれた時代が一致する。

4) 紫笋茶は歴史が長く故事も多く、歴史ロマンあふれるお茶である。

5) 紫笋茶の見た目は地味だが、お湯を注ぐと透き通るような水色があらわれ、まるで仙人が飲むような透明度の高い茶湯である。

6）紫笋茶は、清々しい爽やかな味わいと、蘭の花のような優雅な香りのお茶で人々の心を解きほぐす魅力がある。

7）陳明楼氏も詩の書くのが得意で、お茶に関する多くの詩を発表している。

陳氏が詠んだ中で、私が一番好きな詩。

それは、紫笋茶を描写した詩である。

（日本語訳）

雨音を聞くと木魚のような音に聞こえる

翠の芽を見ると筍に似ている

心が無になり、

ただ癒されるお茶がある。

紫笋茶の飲み方は、グラスに紫笋茶の茶葉を投入し湯をそそぎ茶葉がゆらゆら踊る様子をみながらゆっくりと味わい愉しむ。また、最近では緑茶も烏龍茶同様に、可愛いままごとのような小さな工夫茶の茶道具（急須の用途である蓋碗或いは紫砂壺、茶湯の濃度を均一にする公道杯、小さな茶杯）で紫笋茶を煎れることも多い。

日本の友人たちは中国茶芸の様子に目を奪われ、すっかり紫笋茶の魅力にハマっていくから不思議。

　陳明楼先生の著書　《紫筍茶縁》の出版により、
世界中の人々が紫筍茶に魅了させることを大いに期待してい
ます。
　最後に、陳先生の健康と益々のご活躍をお祈り申し上げます。

茶友　日本　佐藤　良子

　　　高山寺是镰仓时代前期由明惠上人（1173—1232 年）重建的寺
庙，也是日本茶和茶文化的发祥地。据说荣西禅师从宋朝带回茶
籽后，明惠上人开始在山里栽培。由于茶叶有醒脑提神的效果，明
惠上人经常劝众生饮茶。他还把高山寺的茶苗移植到宇治，之后
又在全日本推广种植。中世纪后在栂尾山种植的叫"本茶"，其他
地方种植的叫"非茶"，每年向皇宫进贡。

（a）

（b）

（c）

图 8-1　佐藤良子与日本茶友举行紫笋茶会
（a）茶艺演示　（b）茶评交流
（c）嵯峨御流的井藤东花道为紫笋茶会插花作品

图 8-2　佐藤良子在京都高山寺
(a) 栂尾山高山寺门　(b) 高山寺内的古茶园
(c) 高山寺碑文　(d) 高山寺外墙

二、紫笋茶在美国①

莫问客(moJoosh)创建于美国纽约,如树、枝密联中国传统文化,根系于茶,情系于人。创始人张文婷出生于中国大西北地区,在上海长大工作,定居美国纽约逾十年。

见证东西方两个国际大都市不同角落的变迁,体验在高度商业化社会环境下初来乍到的时光,深刻体会到虽是不同的城市,全球经济的急速发展附带给大众生活的是愈多无止境的需求和极度紧张的生活节奏。信息全球网络化和大爆炸亦让我们无时无刻地被动接受来自四面八方的五花八门的信息。莫问客秉持回归自然的本心,积极探索如何通过品茶与饮茶的过程来减压、静心,从而找到个人平衡的生活状态。

上海是中国海派文化的中心,纽约更是一个全球文化的大熔炉。虽说全球文化始终在以不同的速度大串联,体验这些不同文化和它们之间的碰撞引发更多的思考和感悟,无论是个人的还是社会的。莫问客基于个人不同的经历与文化背景建立不同寻常的个人茶体验,从不同的视角和出发点理解和欣赏不同的茶文化。若是说莫问客致力于茶文化的培养是一种选择,不如说是通过培

---

① 本篇作者为张文婷,2019 年 10 月写于美国纽约。

养茶文化来做一种对人生、世界和我们所处状态的深刻观察和体验的过程。这个过程无法被明确定义，无法设限，正如每种文化即使消失也不断地被重新诠释。除了在纽约布鲁克林的家庭茶体验空间的预约品茶和定期小型茶聚，莫问客同时每月在不同的场地举办不同主题的茶文化系列讲座、品茶会，每年还有定期的户外茶会。根汲水而生长，茶文化早已随着茶叶的传播在世界各地生根。茶向阳而生，通过茶联系到的爱茶之人犹如阳光之于莫问客。在上海生活工作的最后几年中，张文婷有幸结识了陈老师和紫笋茶。每次在陈老师那里喝茶都感觉远离了日渐喧嚣的城市生活，进入郁郁葱葱的竹林里，更全然被陈老师对紫笋茶的热爱和对茶的专注所感动。在初到美国的几年里，虽然没有时间全心学茶，更没有任何条件做紫笋茶的推广，每次回国陈老师还是尽心推荐紫笋茶新茶，鼓励让更多的人了解品尝到紫笋茶。

在以后坚持喝茶的过程中，也是人生每次触礁拐弯时，她对茶总多一份新的理解。对茶和与之相关的文化兴趣渐长。随后发现在这个学习过程中其实是她自己最自得和自在的状态。莫问客建立之后的几年中，陈老师一直在全面介绍紫笋茶，更是亲自陪同到长兴介绍茶山、茶农、品茶、说茶。莫问客把陈老师和紫笋茶的故事写成短文和大家分享。除了紫笋茶的专题讲座与体验，紫笋茶还作为绿茶的代表在很多莫问客茶会中被推广。在盲品紫笋茶的聚会里，我们品尝了不同年份，不同茶山的紫笋茶。我们甚至用羹饮的方式加姜品茶，同时解释茶经中关于陆羽和紫笋茶的文字。

令人欣慰的是所有品尝过紫笋茶的茶友,都大赞紫笋茶的鲜笋味与清幽的花香,更多是在了解紫笋茶的历史与陆羽的渊源之后唏嘘赞叹。在我们用手指轻划屏幕的瞬间,很多东西可以被遗忘,很多可以保留下来。感谢陈老师对紫笋茶的潜心研究,更赞叹他对茶的一片至诚之心。

图8-3 张文婷女士在长兴古茶山考察
2018年8月李光来先生拍摄

三、做客紫笋苑话紫笋

2015年澳大利亚的菲利普盖瑞夫妇俩,在上海期间,专门到位

紫笋茶缘

于上海长宁区的紫笋苑品茗，为的是了解中国的茶文化。为此他专门写了一篇文章介绍他在紫笋苑的真实体验。全文如下。

　　我十分荣幸能够有机会向大家推荐陈明楼先生和他最欣赏的一款茶：紫笋茶。大概是在 2015 年 10 月，我和我的太太第一次应邀去陈先生的茶室做客，陈先生非常热情好客，他请我们品尝了各种传统的中国茶饮和点心，还详细演示讲解了独特的中国茶道的各种礼仪和习俗。我们就是在那时了解到紫笋茶。这款茶与我之前知道并喝过的中国茶很不一样：初尝时清香淡雅，越喝越觉得其香醇清甜。几年之后，我与太太在上海举行了婚礼；当时我有很多澳大利亚的亲友与我们一起来到中国庆祝我们的婚礼，他们都想去一处中国的"世外桃源"。我当时就想起了陈先生曾经提到过的产紫笋茶的古茶山，便提出请他带我们去看一看。没想到他欣然答应了。

　　说起中国，大多数澳大利亚人立即会想到中国的长城、长江，巍巍山峦竹林密布泉水叮咚。我夫人的故乡上海是一座国际化大都市，虽然现代且繁华，但却无法使我的朋友们接触到他们心目中的"中国"。而正是这次长兴紫笋古茶山之旅弥补了我们的缺憾，让我和朋友们带着对中国和中国茶文化的怀念尽兴而归。我极力推荐此次的旅行，也借此机会向陈明楼先生表示深深地感谢！

附原文

　　To be given the opportunity to recommend Mr. Minglou

Chen and his favourite "Zisun Tea" is an honour. My wife and I were guests of Mr. Chen in October 2015. Mr. Chen demonstrated wonderful hospitality while serving traditional tea. The unique Chinese ceremony was explaining in details, accompanied with various little delicate local snacks. It was there we first came to know Zisun Team

This tea is so different from any of the Chinese tea we had tried before. It was light and gentle at first, but after a while you can feel its richness and sweetness. A few years later, my wife and I hosted our wedding party in Shanghai. A few of my friends travelled from Australia to congratulate us. They wanted to go kind of "Getaway" place in China. I immediately thought of the ancient Zisun tea plantation once mentioned by Mr. Chen. It was then I asked Mr. Chen whether he would like to take us there, and I was so happy he said yes without a second thought.

To most Aussies, the image of China is either the Great Wall, the Yangtze River, or big mountain ranges covered with bamboo forest and decorated with little streams... My wife's hometown is Shanghai, which is an international metropolis. Although it is extremely rich and modern, it offers little of China really represents to my friends. However, the trip with Mr. Chen to the Zisun Tea plantation had totally made up for it. We left China with deep respect and remembrance of China and its tea culture. I can't recommend this trip enough, and thank Mr. Chen enough for such great experience.

—PHILIP GRAY

四、我们在上海的茶文化之旅

本书作者女儿的一位法国朋友席琳伯奈·拉奎泰妮和她丈夫在十几年前来紫笋苑品茗,听中国茶的故事,因此对紫笋茶苑的影响深刻,在知道作者的《紫笋茶苑》要正式出版时,特撰文写出她对紫笋苑的一些美好回忆,全文如下。

陈凌一通过"脸书"联络了我。十多年前,我和我的丈夫斯蒂夫去上海的时候通过我的弟弟(或哥哥)认识了她并请她担任我们的翻译。凌一介绍了她的父亲给我们认识,他经营着一间茶叶店并向外国友人介绍有关茶叶的知识。他还为我们演示了传统的中国茶道,对于喜爱中国文化和中国茶叶的我们来说简直太棒了。

凌一跟我们提到了她父亲目前正在写一本书,讲述了自己关于中国茶的感情,并且在书中会提到与我们的会面。凌一问我,除了能够在书中提到我们的名字之外,是否也可以请我们写些描写当年会面的经历。

图 8-4　席琳伯奈与丈夫在紫笋苑

　　这对我来说没有问题,因为我清晰地记得那个下午,之后我们一起去餐厅吃晚饭。我记得茶叶店的内部是木制的,至少是有家具的。

　　凌一首先把我们领到外面的小阳台,因为我注意到那里挂着一个圆圆的木笼子,可能是用竹子做的,做工很精细,就像我在市场上看到的那样,也像我弟弟(或哥哥)住的那栋楼底层的许多小房子前面的笼子一样。随着城市现代化的快速发展,这些市场和旧城区可能已经消失,取而代之的是高楼大厦,搭着竹制架子建成的那些高楼大厦。这些笼子里住着幸运的小鸟,它们的叫声非常好听。

　　随后,凌一的父亲邀请我们围坐在桌旁观赏茶道。我记得茶杯都很小,是精巧的白色瓷器,几乎是透明的,被放置在一个单独的木制平板上,处在一个实心的木制托盘上。他缓慢地倒茶,让茶水溢出杯子,流过托盘的木条。我不太记得这么做的原因了,可能是因为第一杯茶叶的味道过于浓厚。当时用的可能是乌龙茶,这是一种典型的半发酵中国茶叶。

我和斯蒂夫本身非常喜欢喝茶。我们喜欢自然的味道,有时候会选择带有苦味的叶子。斯蒂夫被茶叶的强大功效所吸引,茶既能够使人放松,又能让人兴奋。在他的学习期间,他会练习冥想,也喝了很多茶以集中精力,达到长时间控制自己注意力的效果而不会紧张,这是咖啡没办法做到的。

对于我而言,我对茶的优点特别感兴趣,也希望了解茶在中国古代文化中的重要性,以及茶道中手势的意义和美感。

除了茶道之外,他还端上了一个茶球,这是我们早些时候在路边的小茶馆里看到的。茶球冲入热水后就展开成莲花的形状,这是茉莉花茶。

凌一的父亲沉默而专注,手势精准细腻。凌一则为我们翻译问答的内容。我们可以看出他们非常想向我们这样的外国朋友展示他们的热情并分享中国的文化。他近来非常喜欢接触来自不同文化的人们。

我认为,对于一个一直生活在偏见中的人,想要改变自己的成见是一件非常明智的举动。同样令人感动的是凌一和她的父亲之间的合作,两个人都充满好奇,还有一颗开放的心。

临走前,他们又介绍了一位朋友,说他住在茶叶店的一个小房间里。他是一位书法家,对我们来说,他是中国儒家艺术家的典型特征:年事已高,留着又长又细又尖的胡子,看上去有点困惑,也许是呆在他的世界里面。我们非常欣赏中国的书法。他给我们写了一个汉字"虎",并将汉字变形以表示老虎的尾巴。我们一直保留着这幅字,这让我们回忆起我们那些非凡的经历,尤其是当自己只有 21 岁时,旅行到一个如此遥远、和自己生活的地方如此不同的一个国家的经历。

身为学生,由于预算有限,我们当时仅从凌一父亲那里买了一小盒茶叶。不过现在我们可以多买一些了。

附原文

PHOTOS

Lingy m'a contactée sur Facebook. Lingyi est traductrice et mon mari, Steeve, et moi l'avions rencontrée à Shanghai il y a plus de dix ans par l'intermédiaire de mon frère qui y habitait. Lingyi nous avait fait rencontrer son père (son prénom ?) qui voulait faire découvrir sa maison de thé à des étrangers et nous offrir une cérémonie de thé traditionnelle chinoise. Une aubaine pour nous, curieux de la culture chinoise et amateurs de thés.

Elle vient de m'informer que son père venait d'écrire un livre sur sa passion pour le thé où il mentionne sa rencontre avec nous. Lingyi nous demande, en plus de l'autorisation de mentionner nos prénoms, s'il est possible d'écrire pour lui quelques phrases décrivant notre expérience avec lui.

C'est possible, car je me souviens très bien de cet après-midi suivie d'une soirée au restaurant. Il me semble que l'intérieur de la maison de thé était en bois, ou du moins les meubles.

Lingy nous a d'abord dirigés vers le petit balcon à l'extérieur parce que j'y avais remarqué une cage en bois ronde suspendue, sans doute en bambou, et finement travaillée comme celles que j'avais vues à des marchés et devant de nombreuses petites maisons, en bas de l'immeuble où habitait mon frère. Ces marchés et vieux quartiers ont sans doute disparu depuis le temps avec la modernisation ultra rapide de la ville, remplacés par de grands immeubles, construits grâce à des échafaudages en bambou. Ces cages abritent de petit oiseaux porte-bonheur au chant très mélodieux.

Puis le père de Lingyi nous a invités à nous asseoir autour d'une table pour contempler sa cérémonie de thé. Je crois me souvenir que les tasses étaient toutes petites et en porcelaine blanche, presque transparentes tellement elles étaient fines. Elles étaient posées sur un plateau en lamelles en bois séparées, qui lui-même reposait sur un plateau en bois plein. Le maitre de cérémonie y versait le thé lentement en le laissant déborder des tasses, et couler à travers les lamelles du plateau. Je ne me souviens pas de la raison. Peut-être que c'est une façon esthétique

de se débarrasser de la première infusion qui est un peu trop forte. C'était peut-être un thé Oolong, typique de Chine, dont les feuilles sont à moitié fermentée.

Steeve et moi aimions déjà le thé. Nous aimons le goût naturel, parfois amer, des feuilles. Steeve était fasciné par l'effet puissant du thé, à la fois relaxant et stimulant. Pratiquant la méditation pendant ses études, il buvait aussi beaucoup de thé pour se concentrer et contrôler ses pensées pendant de longues heures, sans être nerveux, ce que le café ne lui permettait pas.

De mon côté, j'étais surtout intéressée de connaitre les vertus des thés, de comprendre l'importance du thé dans la culture chinoise millénaire, et par le sens et la beauté des gestes de la cérémonie du thé.

En plus de la cérémonie du thé, le maitre de thé avait servi une de ces boules de thé qu'on avait découvertes plus tôt dans de petites boutiques de thé ouvertes au bord des rues, qui s'ouvrent et prennent la forme de fleur de lotus sous l'effet de l'eau chaude. C'est du thé au jasmin.

Le père était silencieux et concentré, ses gestes précis et délicats. Lingyi traduisait nos questions et ses réponses. On voyait un réel désir de partager une passion et une partie de la culture chinoise à de jeunes étrangers que nous étions. Il nous a d'ailleurs confiés plus tard, lors d'un diner délicieux de spécialités du Sishuan (？) qu'il était heureux de pouvoir rencontrer des étrangers grâce à sa fille. Il avait grandi en entendant sa mère et sa tante critiquer les Japonais, qu'elles détestaient à cause de la guerre. Mais il a récemment beaucoup apprécié rencontrer des personnes de différentes cultures.

Je trouve ça très sage pour une personne de vouloir changer ses préjugés malgré avoir vécu toute sa vie avec. C'est aussi émouvant de voir cette collaboration complice entre Lingyi et son père, tous deux curieux et ouverts d'esprit.

Avant de partir, ils nous ont présentés à un ami que le papa hébergeait dans une petite pièce de la maison de thé. Il était calligraphe, et pour nous le personnage typique de l'artiste chinois confucéen : âgé à la longue barbe fine et pointue, et à l'air un peu ahuri, peut-être à force de rester dans sa bulle. Nous admirons la calligraphie asiatique. Il nous a aimablement dessiné le signe 《tigre》 en chinois, déformé pour représenter la queue du tigre. Nous avons toujours cette calligraphie, qui nous rappelle ces rencontres exceptionnelles, surtout quand on voyage dans un pays aussi lointain et différent quand on a 21 ans.

Nous regrettons seulement de ne pas avoir pu acheter plus qu'une petite boîte de thé au père, dû à notre budget d'étudiant.

Mais nous pouvons désormais nous rattraper.

Céline Bonnet-Laquitaine

第二节　中国茶文化之旅的打卡地

一、德国科隆新闻学院师生的评语

德国科隆新闻学院师生们多批次地到上海长宁区的紫笋茶苑品茶,每次来,作者总是热情地以紫笋茶招待,并演示泡茶技艺,向他们讲述中国的六大名茶的故事,从而使他们对紫笋茶苑留下了深刻的印象。在此特摘录两份德国科隆新闻学院师生的评语。

其一

陈先生给我们留下了极深的印象。作为来自德国科隆的老师和学生,陈先生对于茶叶的种类、历史和影响的深刻了解让我们难以置信。我们一起品尝了各式的茶饮,同时也了解了中国茶文化的重要组成部分,这真是太棒了! 谢谢你,陈先生!

附原文

Our experience with tea master Chen was a really astonishing one. We, a group of students and professors from Cologne, Germany, could not believe how deep his knowledge was on the different sorts of tea, on their history and their impact. We had a marvelous evening enjoying all different types of tea and learning so much about this important part of Chinese culture. Thank you very much, Chen!

Ulric Papendick

Managing Director

Cologne School of Journalism

其二

十多年来,陈先生的茶庄一直是我们年度中国之行必不可少的一部分。他热情地与学生们分享绿茶的知识(特别是他最喜欢的紫笋茶),方法十分独特。他的茶道也令我们大开眼界,用味觉的方式开启了我们了解中国茶文化的热情。我们非常感激,通过陈先生的女儿找到了如此珍贵的宝藏之地。

附原文

Mr. Chen's tea house has been an indispensable part of our annual China trip for over ten years. His very welcoming way of sharing his immense knowledge about green tea (and especially his beloved Zisun tea) with the students is unique. With his ceremony he opens our eyes, palates and hearts to Chinese culture. We are very grateful that we found this treasure through the Tea Connaisseur's daughter.

Stefan Merx，Cologne School of Journalism

二、墨西哥茶友对紫笋茶的感悟 [①]

墨西哥茶友 Mercedes González 不仅在紫笋苑喝茶，更是随作者到过紫笋茶故乡浙江长兴顾渚山。那时上山道路还是高低不平的山道，交通工具是农村参见的手扶拖拉机，但他们还是兴致勃勃地上了顾渚山（见图 8-5）。他们对紫笋茶及紫笋茶文化的感悟是深刻的，故摘录他们的文章如下。

去陈先生的茶室喝茶总是令我心生愉悦，而且每一次都能品到不一样的茶，伴随着各种不同香气和滋味。茶香四溢、水温恰到好处、店内摆设优雅、沏茶的准备工作令人赏心悦目。若想要了解中国几千年的茶文化传统，这样经历绝对不可错过。

我也曾有幸应陈先生和他的女儿凌一之邀，游览了位于浙江省长兴县的顾渚山古茶园。凌一是我相识多年的好友，正是通过

---

①　本篇由陈凌一译。

图 8-5　陈凌一(后左,本文作者之女)陪同墨西哥朋友访问长兴
顾渚山茶农方国良先生(左一),后排右一为 Mercedes González 茶友

她我才认识了陈先生,并有机会接触到中国茶文化。这次旅行是
我第一次看见自然环境中生长的茶树,我们不仅喝了紫笋茶,还品
尝了当地的食物,欣赏了周围优美的自然风光,实在是一次难忘的
经历。当地人对我们非常友好。如果有机会,你们一定也要尝试
一下!

附原文

It is always a pleasure to visit Mr. Chen's tea house. Every
time is a different and enjoyable experience of tea combined with a
mix of the different senses; the aroma and taste of the tea at a
perfect temperature, together with the beautiful setting and

preparation for the tea degustation. This is a must while in China in order to appreciate a milenary tradition.

I have also been invited to visit the ancient tea field in Mount Guzhu in Changxing, Zhejiang Province with Mr. Chen and his daughter, Lingyi, a very good and old friend. I came to know Mr. Chen and Chinese tea culture through her. That trip was my first time to see tea as a plant in natural environment. It was enjoyable not just for the Zisun Tea experience but also for the local food we tried and the nice natural scene we were surrounded. People were always nice and friendly to us. If you can, try it once!

Mercedes González

附录一 茶与远方

　　与紫笋茶结缘从而走向茶的世界,并探访各地名茶。本章所记的是本人行走茶山或旅游途中所见大好河山、美丽风光时即兴应景写句,因以前无缘学习诗词的正规写作,不敢谓"诗",故写"茶与远方",再者一路走来皆是茶为引,以茶为伴,走向茶山、走向远方。所附照片,大多数是用华为手机随拍,非专业摄影水平,"诗"只是看景而写的几句感想。也可称"打油诗",自得其乐。

　　有几张佳作照片是同行朋友抓拍杰作,作品下有署名,在此深表感谢。

2020 年 5 月 7 日在长兴县水口农家(李光全拍摄)

一、顾渚茶山行

　　紫笋贡茶产于浙江省长兴县顾渚山区。与紫笋茶的不解之缘,扎根于此古茶山中,漫步茶山古道寻访紫笋茶,重走茶圣陆羽之路,记叙的是对紫笋君的情感。

结缘紫笋

结缘紫笋四十年，

顾渚上海一叶牵。

每逢初春进山来，

只为与君来相见。

注：1979 年第一次去长兴，至此已近四十年矣。　2016 年 4 月 4 日

贡茶古道行

山间古茶道，

竹径通山腰。

陆羽著《茶经》，

盛夸紫笋好。

这里是唐代贡茶之乡，夏日酷暑，行走古茶道，只见修竹茂林，静谧安祥之地。

2018 年 7 月 31 日

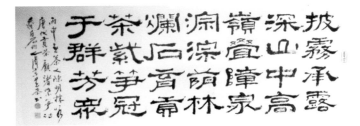

咏紫笋

披雾承露深山中，

高岭叠嶂泉淙淙。

荫林爛石育贡茶，

紫笋冠于群芳众。

注：陆羽评论茶时，认为此茶冠于他
境，取其意成句。　2016 年 4 月 10 日

茶山雨中行

花香茶香竹叶香，

风声雨声山泉声。

山寂林寂紫笋寂，

峰清水清心神清。

2016 年 10 月 22 日

春入狮坞岕

春雷鸣獳狮，

翠竹护紫笋。

初萌新牙嫩，

茶香透清纯。

今又进顾渚茶山狮坞岕，傍晚春雨骤降，这里是陆羽记载的古茶山之一。

君有王者香

吾友紫笋君，

家住顾渚岕。

陆羽荐于上，

唐代成贡茶。

君有王者香，

形如嫩笋芽。

清澈味鲜爽，

相见在山垭。

注1：陆羽在长兴考察茶事多年，并著书《茶经》一书。他认为紫笋茶可作为贡茶"荐于上"，此"上"即指皇帝，据史书记载，从唐代起成为唐、宋、元、明四代皇宫用茶。

注2："岕"为长兴山地名，读音 ka（卡）。

2018 年 3 月 31 日

清明行

清明踏青入山乡，

金黄油菜粉色桃。

春风绿了岸边柳，

临波摇曳万千条。

2017 年 4 月 4 日

李光来拍摄

除夕品茗

除夕不闻爆竹声，
杜康却催入梦乡。
开个新壶辞旧岁，
伴我唯有紫笋香。
人生苦短莫思量，
心中常有小太阳。
快乐每天顺天意，
善待自身应无恙。

新年伊始，恭祝朋友们
吉祥如意！身体健康！

2019 年 2 月 5 日

张岭茶山行

春风拂煦催紫笋，

"青鸟岭雾"茶香闻。

兰馨怡神味鲜爽，

不虚贡茶入诗文。

注："青鸟岭雾"是张岭茶厂的新建民宿，接待进山客人休息之所。

2019 年 3 月 30 日

青茶果

再访顾渚忘归亭，
萋萋草长蔽小径。
碑文斑驳苍凉色，
茶果未老壳尚青。

忘归亭是唐代顾渚茶文化景点之一，今又探望，只见草长过人，碑文模糊，可惜了。时值夏日紫笋茶树结了不少茶果，小孩好奇，观果讲茶。　　　　　2019 年 7 月 14 日

登境会亭

探访当年茶圣路，
清泉水流润翠竹。
廿三湾乃啄木岭，
境会亭前停脚步。
凭栏远眺山起伏，
竹林小憩思远古。
悬脚岭高位两界，
唐时陆羽品茶处。

与周荣伟先生一起登啄木岭、境会亭

为寻访陆羽《茶经》中记载的古迹，登悬脚岭、啄木岭境会亭，境会亭在湖州与宜兴交界处的啄木岭上，也称廿三湾，还有悬脚岭也是茶圣到过的地方。感谢丁山的好友小周，陪同我寻访引路，同登廿三湾。　　　　　2019 年 6 月 14 日

登廿三湾

白鹅戏水知冷暖，

红梅迎春花正欢。

青峰起伏如龙腾，

翠竹婆娑枝相挽。

晨来登山石径斜，

清气畅胸步行缓。

忽闻几声鸟儿鸣，

已到岭上廿三湾。

　　登顶处是江浙两省交界处，又恰逢新年，一是试试脚力还行，二是登高远眺。顺祝朋友们新春吉祥！万事如意！

2017 年 2 月 6 日

2019 年 1 月与高庆宏茶友同登白羊山。观看唐代最高堂摩崖石刻。

读唐·袁高《茶山诗》

避疫躲陋室，喝茶阅唐史。

摩崖古石刻，诉说贡茶事。

袁高州刺史，题名在青石。

千年历沧桑，顾渚茶山诗。

今得空闲时，细读诗方知。

修贡乃督造，紫笋送京师。

太守悯茶农，采掇辛苦实。

手足皆皲鳞，扪葛荆棘枝。

瑞草勤选纳，蒸捣昏继晨。

羽称冠他境，始贡入典笈。

唐 784 年，袁高（湖州刺史亦称太守）奉诏到顾渚修贡，在白羊山刻石题名，並赋《茶山诗》。唐 792 年，于頔在下方刻石题名。唐 851 年，杜牧在右下方刻石题名。

2020 年 2 月 1 日（农历初八）

书香·茶

书香下午茶，

顾渚紫笋香。

文化多元素，

耕耘乐无疆。

记杨浦区图书馆文化沙龙

活动　　　2020 年 6 月 23 日

访山里人家

雷鸣崇岭瓢泼雨，

跃上翠峰云雾间。

炊烟轻袅灶火旺，

野笋果蔬山珍鲜。

今上罗岕山，雷雨交加，幸得建军兄驾车上山，盘旋登顶，深山友人热情待客，山野鲜笋鲜美无比，感谢金家夫妇款待！　　　　　2020 年 6 月 15 日

初上茗岭记

茗岭汉代始，山中有故事。刘秀避王莽，神佑显吉时。

岭南罗岕村，陆羽曾到此。跋涉湖常界，只为著茶经。

卢仝来洞口，七碗茶歌诗。明代吴中贵，洞山出岕茶。

为寻茶圣路，结伴上茗岭。探幽古道行，衣衫皆汗湿。

万竹掩石径，野茶满山是。岭间花香远，清心益静思。

茶乃平常物，得道价陡升。同为山中物，趋利失本意。

回坐岭南村，雅室品紫笋。酣畅真味甘，尽显茶之韵。

茗岭越千年，芳华依旧在。竹海年年笋，岁岁有新茗。

2020 年 8 月 22 日

登黄塔顶记

庚子重阳九月九，

茗岭古道林间幽。

万杆青竹蔽天日，

石径草间策杖走。

古时茶山千年久，

陆羽著书芳名留。

今上主峰黄塔顶，

遂愿观远心自悠。

——登上茗岭黄塔顶，践行重走
陆羽路。　　　2020 年 10 月 25 日

二、岩茶之韵

　　福建和江西两省交界处的武夷山以产大红袍茶而著名,其品质特佳,最具武夷岩茶之韵。其香气馥郁持久、茶汤醇厚、浓爽回甘,饮后齿颊留香,是乌龙茶中极品好茶。桐木关是正山小种红茶产地,也是中国红茶的发源地。到武夷山品味岩骨花香的岩茶,又可领略武夷山丹霞地貌的旖旎风光,是茶旅活动的好地方。

　　有时间的话,还可徜徉于五夫村的万亩荷塘,去下梅古村寻找清代的万里茶道(下梅→俄罗斯恰克图)的起始点。

武夷风情

一片树叶在山野，

千种风情茶水演。

大红袍写大文章，

岩骨成韵花香显。

最美九曲笼翠云，

万仞壁立奇峰险。

三姑岩下崇阳溪，

扁舟隐入晨雾间。

2014 年 11 月 19 日

武夷茶博会

离别武夷好山水，

带走岩韵花香回。

若恋印象大红袍，

他日再来细品味。

初到武夷山，参加第七届海峡两岸茶业博览会。 2013 年 11 月 19 日

下梅古村

古村名居寻传奇，

万里茶道见世遗。

高墙深巷溪水缓，

夕阳金光曜武夷。

陪老同学重访武夷山下梅古村。

2016 年 7 月 15 日

好茶赠兄弟

缘结武夷岩茶好，

名闻天下大红袍。

封坛十年善明茶，

陈醇岩韵香清高。

2016 年 11 月 19 日

封茶：是指善明茶厂将大红袍茶封存十年以上

又访九龙窠

幽谷深壑藏宝树，

大红袍栽山崖处。

峰高涧低曲径幽，

慕名游客不胜数。

又访武夷山九龙窠大红袍树

2016 年 11 月 17 日

崇阳溪赞

峻峰秀岩岭色青，
春光映绿一江水。
碧波清溪山前过，
奔流万里不复回。

2020 年 4 月 25 日

雨后赏荷

碧玉盘中水晶珠，
红莲濯波更娇艳。
荷塘新叶夏雨后，
清逸脱俗展秀颜。

2020 年 6 月 4 日

武夷赏荷

连天碧叶如华盖，

扶衬红莲迎风舞。

并蒂濯波呈吉祥，

清雅不染浊泥污。

五夫古村盛产莲子，品质极
佳，万亩荷田更是壮观，游人如织。

2016 年 7 月 16 日

三、碧螺茶香太湖美

　　浩淼如烟的太湖,碧波万顷,大小七十二峰如青螺浮在碧玉盘中。著名的"碧螺春"茶,以形美、色艳、香浓、味醇四绝,被誉为我国名茶中的珍品。其"吓煞人香"的传说故事,使碧螺春茶更为富贵。这里还盛产美味湖鲜,"太湖三白"是不可错过的。到太湖边的小山村寻访碧螺春茶,可临湖观景,小酌尝湖鲜,这可真是茶旅中的口福了。

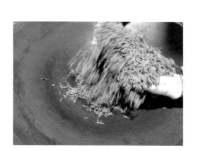

观日落

凭栏渔家船,霞飞鸟归窝。

秋水共天长,残阳红如火。

2018 年 10 月 9 日

月上林梢

归舟逐夕阳,

飞鸟戏晚霞。

月儿上林梢,

湖水连天涯。

2020 年 10 月 30 日

太湖永续

太湖浩淼波连天，

三白称绝美湖鲜。

但愿山水永清纯，

留下仙境存人间。

2018 年 8 月 29 日

离三山岛

离岛旭日升，

碧波渡船早。

一老加一小，

岁月知多少。

清早从三山岛坐渡船，乘客
少，一老一少，激发遐想，感慨岁
月不饶人。   2018 年 9 月 26 日

太湖晚霞

赶赴渔港湾，

水天连一线。

金乌灿如火，

晚霞红满天。

下午接外孙放学后，赶赴
太湖边观赏日落晚霞。

2019 年 9 月 27 日

苏州茶山行

闭关两月余，春风破笼羁。鸟飞云天外，晚霞曜山脊。

湖边登山行，随师看茶去。为访碧螺春，巧遇茶友至。

欣喜同兴趣，亦求寻真味。林密石径窄，花灿缤纷时。

太湖水雾润，果香蕴叶集。明前新芽萌，纤细嫩滴翠。

师授识茶课，学生又长智。品茗山水间，悠然见南山。

两天的苏州行程，在太湖边的小山村，亦名"南山村"。　　　　　2020 年 3 月 28 日

金色的池塘

金色池塘草萋萋,一泓秋水光闪闪。

谁惊湖鸭振翅飞,潋滟涟漪随波展。

2020 年 10 月 22 日

四、茶路达远方

入川成都,首先是拜访茶界的老师们,以多学习了解四川的茶和茶文化。去雅安,必先到成都,我带上长兴的紫笋茶分赠茶友。成都的茶友李涛一家陪我在成都的茶馆品茶,感受成都慢生活的惬意。多次走川藏线,进藏区的康定、新都桥、里塘等地,领略壮美广阔的高原风光,这里有古老而神秘的茶马古道,通过古道茶叶从雅安到拉萨,直至更远的地方。在川西高原上,令人心醉的是那湛蓝的天空及巍峨的雪峰,与草原上的牛羊构成一幅壮丽的雪域胜境。

在拉萨城里或在毛垭大草原的帐篷里,喝一碗酥油茶,品味藏族同胞离不开的"生命茶";在内蒙的坝上草原,到牧民家里,看着蒙族大妈细心操作煮奶茶,放入砖茶碎叶、加盐加奶,不一会,一锅香喷喷的奶茶煮好了。桌上摆放着奶片、奶豆腐和几个叫不出名的奶制品,还有炒熟的小米、白糖,真是丰盛的奶茶宴了。

稻城观圣山

云绕雪峰苍穹蓝，

稻城圣山雄姿展。

风扬经幡千万卷，

天籁神韵净心坎。

　　稻城的圣山，雄伟壮美，雪峰高耸，苍穹湛蓝，草甸溪流潺潺，构成一幅原始空旷、静谧的迷人景象。

2016 年 6 月 9 日

游蒙顶山

茶出巴蜀峻岭中,

东方神韵千百种。

蒙顶甘露黄芽香,

更佳高山醉春红。

2009 年 3 月游蒙顶山

　　"醉春红"是一款蒙顶高山的红茶,常言道"茶亦醉人何须酒",此茶清香怡人,茶色红亮,味甘醇厚,为川红茶中的上品,故起名为"醉春红"。

水之歌

生命之源水之歌，

云雨细凝珍珠帘。

汇合集聚力无比，

摧枯滚石大山涧。

轰鸣谷底如蛟龙，

青峰林间绕白练。

飞流激瀑溅雪花，

奔腾啸曲天地间。

　　雨中游览康定木格措景区，雨霏雾
蒙，不见雪山及蓝天白云在湖中的倒影，
有点遗憾。但雨中也别有景致，此时，水
成了主角，细小的水珠汇成激流奔腾，演
绎出一曲生命之歌。　　2020 年 8 月 30 日

登蒙顶山

晨雾茫茫笼蒙山，

古木森森萌岭间。

茶田层层似翠带，

小径笃笃信步闲。

　　上午游蒙顶山，大雾弥漫，不见远景。
下山时，小雨洗尘。欣喜看到蒙顶山的紫
笋茶。　　　　　　　　2020 年 8 月 29 日

2016 年在川西四姑娘山景区，与乐乐小朋友一家人同在景区游览，乐乐与我们 8 人相交欢快，与我有缘都属兔。2016 年短暂会面，未问及乐乐名字，今年 8 月下旬，我们在成都又见面了，乐乐小朋友也长大了，得知他大名：李炎泽，他爸爸李涛，一家人盛情接待，真是有缘。

游四姑娘山

巍峨雪峰入云霄，
清澈溪水沿山绕。
草原小花各争艳，
天堂胜景任逍遥。

2016 年 6 月 13 日

和乐乐一家合影

八老游川西

天空深邃宝石蓝，

草绿湖清雪峰白。

不畏蜀道多辛苦，

八老畅游笑颜开！

　　八位旅友从上海出发,成都,领略川藏线上的美景,泸沽湖的静谧湛蓝,九寨沟的迷人景色。　　2016 年 6 月 21 日

青藏高原行

祁连绵延接青云，
苍茫逶迤天地间。
遥望群峰披积雪，
山坡草茂牛羊闲。
浩淼湖清映天蓝，
飞鸟振翅碧水浅。
高原明珠青海湖，
静谧惊艳魂梦牵。

2016 年 9 月 10 日

青海省西宁市郭蓓提供照片

拉萨赏月

我在屋脊望明月，

冰轮高挂雪域夜。

一杯清茶邀吴刚，

共度六六中秋节。

在有世界屋脊之称的雪域高原布达拉宫前赏月，度过人生的第六十六个中秋节，难得、难得。

2016年9月15日

大美西藏行

拉萨城外脚步停，极目远眺雪域景，

高山峻峰大草原，蓝天白云圣湖清，

古寺圣殿佛号声，洗却凡尘净心灵，

雄伟庄严布达拉，永驻心间伴我行。

旅行的足迹从青藏高原走过，停下脚步再看一眼美丽的西藏。

2016年9月19日

五、茶旅、茶趣

茶为国饮，中国人的生活中离不开茶，我国地大物博，多民族的风俗饮食文化各显奇彩。以茶香为引，走进各地名山大川，品好茶，尝美食，赏美景，阅民风，这正是茶旅天下的乐趣所在。

江南好风光，江南出好茶，鱼米之乡杭嘉湖一带的小吃、茶饮堪称一绝。湖州的荻港古村有一家百年历史的"一元茶馆"，可品尝到传统的薰豆茶，采用薰青豆、红白萝卜丝丁、枸杞、芝麻等，冲泡一大碗，喝了几遍茶水后，碗里的食材已涨发软糯，亦可吃了饱肚，风味独特。

在广东惠州的小西湖旁，观景小憩，沏碗香气浓郁的凤凰单丛，舒畅醒脑，提神解乏。凤凰单丛产于广东潮汕地区，是潮汕人最爱喝的广东乌龙茶。单丛茶有"形美、色翠、香郁、味甘"的特征，尤以茶香高锐、持久而著名。

贵州的十万大山，也是产茶之乡，近些年大力推广栽培茶叶，以发展地方经济，成为帮助山区脱贫的一个项目，改善了山里人的生活。在广西贺州的万亩有机茶茶山，听听茶叶专家现场讲解，又得以学习、了解更多的茶文化知识。

当我来到不产茶叶的青藏高原、大西北、内蒙草原和北国边疆，这些地方除了购买内地的茶叶外，还利用当地农作物作为泡茶的原料,如枸杞、苦乔麦、大麦茶,还有用桑芽、红枣、人参花等用来泡茶。这也是人们因地制宜、选用当地的出产农作物或天然植物。尽管这些茶外茶(不含茶多酚),不属于真正六大茶类,但是,多少年的习惯饮用,还是对人体健康有益的。

在茶旅途中,紫笋茶伴我行走天下,一是自饮,二是我的伴手礼,赠与远方的朋友,天南地北的朋友们,可能记不得我的名字,却都知道我这里有好喝的紫笋茶,记住紫笋茶了。

黔东南山村小景

旭日破云开,

万峰染翠黛。

星点村落隐,

有客远方来。

2015 年 11 月 26 日

雨中嘉兴行

烟雨江南醉嘉兴，
月河历史古街行。
枕河人家小巷深，
粉墙黛瓦檐苔青。
长廊酒肆茶室雅，
荷花石桥见古今。
运河千载流水过，
风流人物天上星。

2015 年 12 月 20 日

江南听雨

江南留客不说话，

细听小雨沙沙下。

石桥古刹塔高耸，

窄巷老街店几家。

春雨润柳叶滴翠，

小河涟漪见鱼虾。

水乡清静素不俗，

洗尘小坐思无遐。

2018 年 4 月 13 日

荻港古街

古街廊下笼中鸟，

沧桑岁月河上桥。

一壶清茶伴时光，

悠然自得乐陶陶。

荻港古渔村，总觉得有值得细细品味欣赏的地方，淳朴而引起年代久远的记忆。

2018 年 10 月 21 日

震泽.禹迹桥

荻港随想

又住荻港渔庄，不知道是这里的磁场吸引我，还是其他原因；我总觉得有股力量唤我前来。

年纪大了，生活累了，总想找个世外桃源，安逸之地；去了普者黑、香格里拉，还有号称桃花源的坝美；也领略了青藏高原、大西北的苍凉豪迈气概；还有内蒙草原的辽阔、蓝天白云……，但这些都离现实生活太远，仅仅是一时的英雄气长，是对天地大自然的敬畏之情。而荻港像一本看不厌的小说，厚厚的文化积淀，总是让人看了一遍，还想再看一遍。

春天淋着细雨，踱步古街小桥，河边长廊，倚靠长凳，看廊檐的雨水象珠帘，滴入小河激起圈圈点点的涟漪；夏日的荷叶碧绿如伞，遮掩着亭亭玉立的荷花，婀娜多姿；金秋艳阳天我又来了，荻芦迎风瑟瑟，成片的花穗摇曳在阳光下，泛着银光。运河上驳船划开水面，驶向远方……突突突的船声，唤起儿时在苏州河畔，黄浦江畔的记忆。古街的小铺，悠闲的听戏老人，带我回到了童年时代。

这远离城市的喧嚣，淳朴自然的桑陌田园。如诗般的生活，也许就是吸引我眷恋这里的神秘力量吧！

诗与远方就在这里！

2018 年 11 月 9 日

凌霄花

如火如荼美凌霄，

扶摇直上冲天笑。

不畏暑夏花争妍，

陋室增辉艳阳照。

今年的凌霄花开得很热闹，还结出好多的豆荚果。 2016年8月25日

己亥端阳

端阳思古幽，

静坐品茶悠。

佳茗待知己，

胜过粽和酒。

今得以间隙，细细品尝由山东农大茶学系黄晓琴教授馈赠的好茶，感谢！ 2017年5月29日

在蒙古草原牧民家里喝奶茶

坝上观云

舒卷有度真潇洒，

金光红霞成彩画。

聚散未约多自由，

人间万象犹如他。

——他是谁？尽在画中寻。

2016 年 7 月 29 日

情义无价

浮生七十草木秋，

爱山悦水多云游。

幸有一君伴我行，

茶山岭间湖畔走。

屋外风狂夜雨骤，

更思亲朋暖心头。

异乡陌客无寂惧，

千金易得义难求。

草木一秋人生一世，身在江湖，全靠朋友们仗义相助，恰逢台风临沪，独坐陋室品茶，感恩各地的朋友们！

2020 年 8 月 4 日　生日心语

大山是云的家，
云是大山的孩子，
清晨日出照亮大山，
白云缭绕峰间山谷，
蔚蒸升腾、或浓或淡，
飘向山峦峰顶，
大山如博爱的妈妈，
抱拢着孩子，
乖巧的会恋着山峰，
围着妈妈转，
调皮的孩子不一样，
升高、升高，
去追逐太阳，
淘气地和阳光游戏，
蓝天如深邃的大海，
任白云遨游，
或舒或卷、形变万千，
晨曦的霞光、日落的余晖，
为白云披彩绘金，
此时，是云彩最辉煌的时刻。
云孩子玩累了，
手挽手紧紧相拥，
化成点点雨滴，
回到大山，
回到妈妈的怀抱。

2019 年 5 月 19 日

附录二　长兴茶旅文化游线路

　　茶文化是中国传统文化和旅游文化的重要组成部分。在旅游活动中,安排一些茶文化的内容,会给旅游者带来愉悦感、新鲜感,既丰富了旅游活动的内容,又愉悦了心情,达到了求知探奇的目的。这就是我们所称的茶文化旅游,简称茶旅。

　　由于茶与山水、宗教、民族、民俗、烹饪、诗书画、歌舞戏曲、工艺美术文化等有着密切的关系,具体表现在:丰富多彩的茶类,具有千姿百态的外形和色香味各异的品质特征,尤其是一些名优茶类,对游客有很大的吸引力。加之茶区的山水风光,名寺名泉、各民族的茶俗风情、泡茶饮茶艺术、茶书茶画、茶诗茶歌,还有工艺精湛的各种茶具,以及茶马司、葛玄名圃、贡茶馆、御茶园、皇茶园等茶文化遗迹,都是茶文化的靓丽之处,都属于重要的茶旅资源。因此开发利用这些茶旅资源,组成各种旅游线路,把茶文化和旅游密切结合起来,必将大大地促进茶文化旅游的发展,促进茶叶商贸经济的发展,并会大大丰富人们的精神生活,提升人们的文化素养。

现如今，中国的茶文化旅游正在大力发展，中国的茶旅线路也有 20 多条名特优线路。有一句名言，"喝茶人一生要去 20 个茶旅胜地"。有人说好山好水出好茶，每一个好茶的所在，都是最好的茶旅目的地，无论是否茶季，这些茶旅胜地，都值得喝茶人去游一游，去花费时间、消磨光阴……著名的长兴紫笋古茶山，它位于浙江省长兴县西北部的顾渚村。这里有大唐贡茶院、唐时的礼茶，这里的茶叶集雾水之精华，聚大地之灵气，有着"好山出好茶"的自然生态环境和"中国早春第一贡茶"的美誉，每年的清明节前后，明前新茶已上市，茶季到来，我们喝茶人，如能去一游，这些古茶山、贡茶园、摩崖石刻，能提升我们的茶文化素养、丰富我们的文化内涵，是极好的旅游休闲去处。

本书提供一些与紫笋茶有关的旅游景区和茶旅线路，供喝茶人参考。

一、长兴水口茶文化景区

水口茶文化景区是以深厚禅茶文化为底蕴，以直朴民风为特色的江南茶文化旅游圣地，茶圣陆羽在水口写下了中国茶文化历史上第一部茶叶巨著《茶经》，唐代贡品紫笋茶续贡 800 多年，千年古刹寿圣寺与杭州灵隐寺齐名。

水口凭借淳朴的乡风，热情好客的民风，以及吃农家饭住农家屋干农家活享农家乐为主要内容的乡村旅游,凭借紫笋茶园的茶文化内涵为基底的茶旅,吸引了上海江苏等地的大城市游客纷至沓来,在长三角境内具有较高的知名度和影响力,也是深入了解中国茶文化和紫笋茶文化的好地方。

景区位于湖州市长兴县西北部,三面环山,东临太湖,包括水口村金山村、顾渚村,共计 16.8 万平方公里,主要有大唐贡茶院、吉祥寺、寿圣寺、陆羽阁、霸王潭、摩崖石刻等景观配套花间堂禅茶精品酒店开元旅游度假村、天屋农耕文化园等高端民宿和休闲旅游项目。同时,景区内有土特产购物中心、山间休闲绿道、茶园屋舍、水口八大碗美食等,架构了水口茶文化景区完整的"吃住行游购娱"六大旅游要素。

游览该景区的最佳时间为春秋两季,景区开放时间,大唐贡茶院(开放时间是上午八点到下午四点半),最晚入园时间是下午四点,可以购买的礼品有茶叶、茶具等。

二、长兴古茶山的茶旅路线

近些年,长兴县政府重视打造青山绿水的优美环境,建设社会主义新农村,注重开发紫笋茶的历史文化。结合已具规模成功的农家乐旅游,投入修复了多条古茶山旅游路线,大家可从网上查到了解。

现选择一些我多次去过的古茶山，而且山路修建得较好，行走登山的难度不大，有兴趣的茶友，可以实地去走走。去贡茶院、贡茶古道、茗岭古茶山罗岕村，寻古茶文化遗址实际体验一下，将是极好的休闲茶旅机会和了解紫笋茶的经历。

（一）大唐贡茶院和古茶山

长兴县水口乡顾渚村是中国茶文化的圣地，以特产紫笋茶和金沙泉享有盛誉。近年来，因沪苏大城市游客纷至沓来，又被誉为"上海村"而有名，村以顾渚山命名，历史悠久、山水清远，是集优美环境和茶文化于一体的山区村落。大唐贡茶院和古茶山是该茶旅路线的主要景点。

游客到顾渚村以后，可以住长兴顾渚山农家乐，或住宿唐朝十二坊，周围环境即是顾渚山。行程以住一晚、两天的行程安排。

第一天，上午出发到长兴县水口顾渚山，入住，午餐。

下午，参观大唐贡茶院学习《茶经》中有关紫笋茶的内容，了解陆羽著书时，在顾渚山的活动轨迹。了解历史上第一座皇家贡茶院的历史文化，品尝按唐代贡茶加工工艺的饼茶。也可按预约，观看唐时的礼茶表演。

晚饭后，可约好品尝紫笋茶，或漫步顾渚，观赏唐朝十二坊的灯光夜景。

第二天，早餐后，开车去古茶山。

沿古茶山小道上山,入口处竹林间有一石碑,上镌"山桑坞"(方坞岕),碑后刻陆羽《茶经》茶之出的摘录,这里是陆羽到过的地方。看过碑文,沿石阶进山岕,从左侧小路往山走,可见山坡上的茶树与大大小小的石块在一起,即是《茶经》中所述的"上者生烂石"之环境了,稍作留意,石阶旁或石缝中,可看到刚出土不久的小茶树苗,再往上至半山腰处,有新建的"烂石亭",供游人歇脚,在亭中可观周围的茶树,也可看到古茶山的远景。

走过烂石亭,石阶路逐渐向下行,又见一片自然生态的野山茶,小道旁边的石涧溪水轻吟流淌,若遇雨后,则水声哗哗而过了。再沿路走过一段竹林,就又回到入口处的石碑前了。若要想了解顾渚紫笋与《茶经》中描述的茶产地环境,这里是最好的茶旅路线。原因在于:一是离贡茶院和农家乐住处近;二是路程短、山路好走,特作推荐。

走出古茶山,山脚下有几家农家乐,兼有品茶休息茶座。从山上下来,稍有脚乏口干,沏一杯紫笋茶,休息一会,静观茶山翠竹摇曳,细听溪水激石吟歌。此时,脱离尘嚣、亲近自然,是净化心灵的最佳享受。

中午回住处午餐。

午餐后可去参观摩崖石刻。

现修葺后的金山村外岗最高堂石刻值得一看,此处石刻距今1200多年,是唐代三位湖州刺史的题名石刻。公元770年,经陆羽的推荐,产自古茶山的紫笋茶正式成为唐代宫廷贡茶。同年,在顾渚山下建立了大唐贡茶院。"贡茶院遗址"和三组"唐宋摩岩石刻",现为全国重点文物保护单位和供奉"茶圣"陆羽的纪念场馆,它们属于古茶文化遗址,也是研究紫笋贡茶历史的重要佐证,具有很高的文物价值。

大家熟悉的唐代大诗人杜牧,在此刻石记下他为修贡到此,据说是全国仅存的一处杜牧留名石刻。

参观后,返程。

(二)贡茶古道和廿三湾

贡茶古道起于水口金山村外岗,进山入口有新建的石牌坊,上书:贡茶古道。新开发的贡茶古道,古称葛岭坞岕。入山古道傍山而行,往北走过两省的界碑,到廿三湾山脚下约 6 公里路,此岭也称啄木岭。《茶经》中有记载,据说上山的石阶路有二十三个弯道,当地人称为廿三湾,是两界人们劳作往来的交通便道,山上有新建的"境会亭"(详见书中介绍),站在啄木岭上,可远眺群山,从北面下山是江苏省宜兴湖㲼。

此条线路,可安排从浙江长兴水口乡金山村为起点,登上廿三湾(啄木岭),岭上有"境会亭",唐代时,湖州和常州两地官员每年监制贡茶之时都要在此举行隆重仪式。在境会亭游人可品茗休息,再从北侧走下廿三湾。江浙有两段石砌古道,其中浙江境内一段在啄木岭南峰下,在江苏宜兴县境内的一段,在啄木岭北峰下,路面以小石板和块石铺成。石块被历代先人磨得十分光滑。预先安排车辆在北侧下山处等候接应，上车后，可顺道去悬脚岭，也是陆羽《茶经》中记载之地方。与啄木岭相距不远，是茶人可以去看看的地方。

若有时间多的话，可以去逛逛丁山的陶瓷城，了解一下紫砂壶，或直接回到长兴。

从金山村外岗走贡茶古道上山至啄木岭，原路返回，约需 5 个小时。若从北侧下山，则需要按所去的地方，先做好时间安排，以便掌握一天的行程。

（三）茗岭和罗岕村

茗岭，地处苏浙皖三省交界，是陆羽曾经到过的古茶山之一。罗岕村位于长兴县的西北面，离县城约 30 公里，村四面环山，是长兴县界内最高海拔、最出名的茶叶产区。茗岭山下的罗岕村附近，有若干个有关新四军的红色旅游景点，还有大干岕村落遗址等景点可以游览（书中前文已有介绍）。作为到长兴县寻觅古茶山，探访陆羽当年之茶路的茶旅活动路线，此条线路的行程较远，山路也有点艰辛了。我从茗岭的南北两侧，分两次上山，体会到登高的辛苦。若是为爱茶而来，当应前往践行；若以追寻茶圣之路，但也须量力而行，视身体情况，做好登山的准备工作。

登茗岭，南北两侧均可上山，还可登顶达黄塔顶。但是，若年龄已高，身体状况不怎么好的情况下，还是不要过于劳累，应以安全为第一。

（四）合理安全地选择茶旅活动

去长兴茶旅活动，首先要做好每一条线路的预先功课，有针对性目标，不盲目乱走。对不熟悉的线路，要请熟悉地理情况的当地向导指点引路，避免发生意外；要各自带好登山用品（如：登山杖、穿登山鞋，自己常用的药物等）

现在长兴已开发出十条古茶山旅游线路，上网可以查到。在此只介绍我曾走过，较为熟悉，并且觉得有意义的茶旅线路。

以第一组（住一晚两天）为例，其他景点可参考组合为 2～3 天的行程，必须以安全为前提。

从茗岭南侧上山约 7 华里的石阶小路，到茗岭头（江苏、浙江两省分界），返回下山，来回约 2 个多小时。

从长兴水口镇出发，驾车到煤山罗岕村约 1 小时，在罗岕村村口的土地庙前稍作停留，读一下庙前的典故传说，可增加对罗岕村的了解及登茗岭的兴趣。在长兴古茶山旅游过程中，也可对长兴特产了解一下。如太湖银鱼、长兴吊瓜子、太湖蟹、长兴白瓜、眉仓雪藕等，上海人对此很感兴趣，可以买一些。

在野外登山活动中，要注意自身安全，充分做好行程安排、备好个人保护用品；更要注意保护自然生态环境，特别是入山后不用火、不吸烟！防止发生山火大灾；要爱护青山绿水的一草一木，不去乱挖山上植物，即使是挖竹笋、采摘茶叶，也要在当地主人带领下去体验生活。

在野外行走，所带的食物、饮用水等，在食用后，将外包装、空水瓶等自带下山，不可随意丢弃，破坏自然环境。

亲近自然、爱护自然，是每一位茶人必须做到的。

参考文献

[1] 陈宗懋. 中国茶经[M]. 上海：上海文化出版社，1998.

[2] 阮耕浩，沈冬梅，于良子. 中国古代茶叶全书[M]. 杭州：浙江摄影出版社，1999.

[3] 本书编委会. 名山县文史资料·第二辑（蒙山专辑）[R]. 四川省名山县政协，文史资料征集委员会，1986.

[4] 欧阳修，宋祁. 新唐书[M]. 北京：中华书局，2003.

[5] 陆羽. 茶经译注[M]. 宋一明，注. 韩寓群，徐传武，编. 上海：上海古籍出版社，2014.

[6] 赵定邦. 长兴县志三十二卷[R]. 孙德祖增补. 清光绪十八年（1892）.

[7] 邢澍修，钱大昕，钱大昭. 长兴县志[R]. 清嘉庆十年（1806）.

[8] 浙江省长兴县地名委员会. 长兴县地名志[M]. 北京：中国文史出版社，2017.

[9] 邓绍基，周修才，侯光复. 中国古代十大诗人精品全集（杜牧专册）[M]. 大连：大连出版社，2000.

后　记

　　结缘紫笋茶，不知不觉中走过了四十多年，因爱喝紫笋茶，觉得这是好茶，而许多人却不知道紫笋茶，因此就想写一本书，介绍紫笋茶，与大家分享。于是从 2005 年起，着手了解紫笋茶的历史，及观察茶农加工紫笋茶的过程等归纳记录起来。但是写了几次后，就停笔不写了。

　　停笔的原因是，这十几年来，长兴茶叶的发展变化很大，茶树新品种不断涌现，茶叶的加工工艺也不断更新。老的加工方法在实际操作中也在逐渐淡出，我记录下的一些老工具，可能以后会看不到了。为此，纠结于怎么来介绍紫笋茶。大约五年前，原单位老同事牟惟泰先生提示我，写专业的茶叶书，可能看的人不会多，建议我把进茶山、去旅游时所写的应景诗，配上当时所拍的照片，汇编一本诗集画册，其中可加上介绍茶叶的内容，放在紫笋苑里，为茶友宣传介绍茶叶时，又可以欣赏美好的山水风景。于是，近几年来，转向在旅行中多写些诗句了。

　　2019 年春，到林城看望徐君祥先生，徐先生的儿子徐小龙（长兴精工电炉厂总经理）问到我写书的事，他知道我在长兴为紫笋茶行走四十多年,最初的起点是林城,那时候是他父亲创建电炉厂的起步阶段,也是我们两家结缘的起始,徐总很珍惜这段情怀,希望我写下这段故事,鼓励支持我把书写完,重新引发我写完此书的信心。

回上海后,找出以前写的文稿,经徐总的提示,我跳出了只写紫笋茶叶内容的框架,而是从徐君祥先生带引我走进长兴的寻茶之路开始,一步步地回忆与紫笋茶相关的事情,以及所走过的茶山之路,真实反映了我在长兴遇到的好朋友们给我的热诚帮助,也正是这些朋友带领我走进紫笋王国,更深入地了解紫笋茶。《紫笋茶缘》中所写的人和事都是真实存在的,他们是我在长兴寻茶过程中的老师和朋友。长兴是在我人生中占有很大比重的第二故乡。在此,感恩长兴的所有朋友们,更感恩深深眷恋的紫笋茶缘。

上篇是写从我初到长兴林城,后来走进顾渚茶山的经历,记述以结缘紫笋茶为主线,循茶缘一路虚心求学,多记、多走路,去探索紫笋茶的前世今生,拂去历史的尘封,寻觅大唐贡茶的紫笋文化。进茶山,走古道,考证《茶经》中尚存的长兴古茶山,寻找那些山岕遗址,重走茶圣之路。同时,也陆续记录了长兴的历史人文,好山好水,以及亲眼目睹小城市的发展变化。几篇短文,分别记下在学茶、品茶时心得,及茶和天下,与中外友人饮茶时的欢愉场景。

紫笋茶成了我的名片,紫笋茶是我交流会友的最佳伴手礼。伴我走向内蒙草原、青藏高原、雪域拉萨,赴成都到雅安,一路上相识的朋友,都知道了紫笋茶。

　　随茶缘入茶乡,走天下。同时,领略祖国的大好河山,这也是茶旅活动的内容之一。我走进大自然寻找茶的真味,此时的茶,已不仅仅是解渴的生理需求,而是在那一缕茶香中,回归自然,精神愉悦,释放压力,心情舒畅。

　　中篇主要是写我陋室品茗。品茶赏景的即兴感悟,心灵开智的解惑。在品茗赏景中,结识了很多国内外茶友,扩大了紫笋茶文化的影响。

　　在我后二十年的习茶之路中,上海市茶叶学会的许多老师是我的良师益友,携带我走进茶的世界。在此向老师们致以我的感恩之情,我特别铭记上海市茶叶学会的老秘书长刘启贵老师的关心、支持,为本书审稿,提出了非常专业的修正意见,并为本书作序。

　　下篇是为茶人朋友设立的共享平台,以茶结缘。这说明不是我一人在说紫笋茶好,有众多茶友的赞誉。有茶界资深老师和国内外茶友的评论文章,他们从不同的角度和眼光,认知紫笋茶及各自的体会。其文章真诚可贵,不作修改,全文附上,以飨读者。

　　四川农业大学茶学系、研究生导师何春雷教授,在繁忙的教学任务及多种茶叶的科研项目工作中,拔冗为本书写序,肯定了我们的千里茶缘情怀与茶香永在! 真心感激何教授的厚爱和真诚鼓励!

　　上海市茶叶学会资深授课茶人张扬老师,为本书所写的专题茶学文章,是对我最大的鼓励和支持。在此,表示衷心的感谢!

原工作单位的领导、老同事蒋宏发先生，撰文叙述他初识紫笋茶，及走进长兴、了解长兴的文章，在此对老领导的支持深表谢意。

在书中很高兴有长兴县年青人的参与和支持，收到长兴县茶叶行业协会钟心尧秘书长和长兴县传媒集团任倩记者的文章。同筑共享平台，都为推广宣传紫笋文化，各尽其力。在此，真诚感谢两位年青人的专题好文。

感谢日本佐藤良子老师和美国纽约州的张文婷女士，为本书专题著文，正是她们对紫笋茶的喜爱和身体力行的推广宣传，使中国长兴的紫笋茶在不同的国度万里飘香。

还有德国、法国、澳大利亚、墨西哥等国家的老师、茶友将紫笋茶作为学习中国茶文化的驿站，书中也收录了他们对中国茶的真诚评价，在此向他们表示深深的谢意。

书中国际友人的英文评价，都由我女儿陈凌一翻译成中文，也是她参与宣传长兴紫笋茶，让我们祖孙三代与长兴结缘，谱写同为建设长兴、宣传长兴出力的佳话。

在写本书过程中，得到长兴太湖会董事长金恂华先生的支持和帮助，为我提前一年，约请长兴县中国作家协会会员、著名茶人张加强先生为本书写序，承蒙张加强先生的厚爱鼓励，在此深表感谢！

金恂华董事长还亲自陪同我一起去长兴寿圣寺，拜访界隆法师，同叙友情，求得法师墨宝，为《紫笋茶缘》增色添彩，在此一并表示感谢！

在本书的最后审稿阶段,有缘得到上海市楹联学会副会长、上海诗词学会理事喻石生老师的指正,对附录"茶与远方"提出了宝贵的修改建议,并指导和传授诗词写作的方法和技巧,让我得益多多,在此万分感谢喻老师的厚爱!

在本书的编写过程中,老同事徐建平先生给我以极大的帮助。花费了很大的时间和精力。对于他的辛勤付出,除了感谢更有深深的敬意,他的帮助值得我永远铭记。此外上海交通大学出版社张勇、倪华两位编辑以及华东师范大学教授金守郡为本书的出版也提供了不少的帮助,在此一并表示感谢。

回忆过去的习茶之路,小结个人的品茶经历和体验。在本书中涉及古茶山、唐代茶史文化等内容叙述中,因受本人知识水平的限制,若有不当之处,敬请读者指教,定当虚心聆听,以求进步。长兴紫笋茶文化博大精深,有未及细述和疏漏的地方,有待继续寻求学习,也希望能得到长兴茶友的理解和指教,有助提高。

再次感谢关心、支持我的各位老师、茶友们从多方面给予的鼓励和帮助。

茶和天下,祝愿天下茶人美意延年! 幸福安康!

霖声

2020 年 2 月初稿

2021 年 2 月定稿